装配式混凝土建筑口袋书

工 程 监 理

Construction Project Management for PC Buildings

主编 张玉波

参编 樊向阳 李 睿

U0288670

机械工业出版社
CHINA MACHINE PRESS

本书由经验丰富的一线技术和管理人员编写，聚焦装配式混凝土建筑的关键环节之一——工程监理，以简洁精练、通俗易懂的语言配合丰富的图片和案例，详细地介绍了装配式混凝土建筑工程监理的特点、依据的规范、项目前期监理、构件工厂监理、施工现场监理、装配式混凝土建筑工程验收、常见质量问题及解决措施、常见安全问题及其预防等内容，特别是对构件工厂制作过程的监理和施工现场安装施工步骤的监理都进行了全面的深化、细化和拓展。

　　本书可作为装配式混凝土建筑监理企业的培训手册、管理手册、作业指导书和操作规程，更可作为监理企业一线技术人员、管理人员随身携带的工具书，同时对构件工厂、总承包企业、建设单位的技术人员、管理人员也有很好的借鉴及参考价值。

图书在版编目（CIP）数据

装配式混凝土建筑口袋书. 工程监理/张玉波主编. —北京：机械工业出版社，2019.1
ISBN 978-7-111-61416-6

Ⅰ.①装… Ⅱ.①张… Ⅲ.①装配式混凝土结构－建筑工程－施工监理 Ⅳ.①TU37

中国版本图书馆 CIP 数据核字（2018）第 261196 号

机械工业出版社（北京市百万庄大街22号　邮政编码100037）
策划编辑：薛俊高　责任编辑：薛俊高
封面设计：张　静　责任校对：刘时光
责任印制：孙　炜
天津翔远印刷有限公司印刷
2019 年 1 月第 1 版第 1 次印刷
119mm×165mm · 9. 375 印张 · 206 千字
标准书号：ISBN 978-7-111-61416-6
定价：29. 80 元

凡购本书，如有缺页、倒页、脱页，由本社发行部调换

电话服务　　　　　　　　　　网络服务
服务咨询热线：010-88361066　机 工 官 网：www.cmpbook.com
读者购书热线：010-68326294　机 工 官 博：weibo.com/cmp1952
　　　　　　　010-88379203　金 书 网：www.golden-book.com
封面无防伪标均为盗版　　　教育服务网：www.cmpedu.com

《装配式混凝土建筑口袋书》编委会

主　任　郭学明

副主任　许德民　　张玉波

编　委　李　莒　　杜常岭　　黄　莒　　潘　峰
　　　　　　高　中　　张　健　　樊向阳　　李　睿
　　　　　　刘志航　　张晓峰　　黄　鑫　　张长飞
　　　　　　郭学民

前　言

我非常荣幸能够成为"装配式混凝土建筑口袋书"编委会的副主任，并兼任《工程监理》一书的主编。

无论装配式建筑有多么大的优势，也无论装配式建筑方案制定得多么完美、设计得多么先进合理，最终的品质还是要靠一线的技术人员、管理人员和技术工人去实现的。所以，装配式建筑项目成败的关键在很大程度上取决于一线人员是否按照正确的方式进行规范的作业，做出了合格优质的装配式工程。装配式建筑开展几年来的实践也证明了，所有的优质装配式建筑工程一定是由经过严格系统培训的、掌握了装配式建筑技术和操作技能的一线人员严格按照设计和规范要求精心作业而实现的，凡是出现很多问题的装配式建筑工程都是因为不知其所以然而蛮干、乱干所造成的。所以，装配式建筑健康发展的当务之急是培训熟练的技术工人和管理人员，使从事装配式建筑的一线技术人员、管理人员和技术工人真正掌握装配式建筑的原理、工艺和操作规程。

本书就是出于这个目的，聚焦于装配式混凝土建筑非常重要的环节即工程监理进行编写的，目的是作为一线监理技术人员和管理人员的工具书、作业指导书和操作规程，让一线监理人员按照正确的方式、科学的工法对装配式建筑构件制作、施工安装等作业进行监理，从而保证装配式混凝土建筑的品质，真正发挥并实现装配式混凝土建筑的优势。

本书是在以郭学明先生为主任、许德民先生和我为副主任的编委会指导下编著的，以《装配式混凝土结构建筑的设计、制作与施工》（主编郭学明）、《装配式混凝土建筑——

政府、甲方、监理管理 200 问》（丛书主编郭学明、主编赵树屹）、《装配式混凝土建筑——构件工艺设计与制作 200 问》（丛书主编郭学明、主编李营）及《装配式混凝土建筑——施工安装 200 问》（丛书主编郭学明、主编杜常岭）四本技术书为基础，以相关国家规范及行业规范为依据，结合各位编者非常丰富的经验，以简洁精练、通俗易懂的语言加上丰富的现场图片和实际案例，对装配式混凝土建筑工程监理的特点、依据的规范、项目前期监理、构件工厂监理、施工现场监理、装配式混凝土建筑工程验收、常见质量问题及解决措施、常见安全问题及其预防等内容，特别是对构件工厂制作过程的监理和工地现场安装施工过程的监理都进行了全面的深化、细化和拓展，以方便和适合一线监理人员实际阅读使用。

编委会主任郭学明先生指导、制定了本书的框架及章节提纲，给出了具体的写作意见，并进行了全书的书稿审核；编委会副主任许德民先生参与了全书的审稿和修改工作；我作为编委会副主任兼本册主编对全书进行了校对、修改、具体审核和统稿工作。

本人多年来一直从事制造业、建筑业的企业管理工作，目前是沈阳兆寰现代建筑构件有限公司的董事长；参编者樊向阳先生是上海三凯工程咨询有限公司的总工程师，有着丰富的装配式建筑监理工作经验；参编者李睿先生是沈阳市振东建设工程监理股份有限公司的副总裁，同样有着丰富的装配式建筑监理工作经验。

本书共分 9 章。

第 1 章是装配式混凝土建筑简介，讲述了装配式建筑的基本概念，装配整体式混凝土建筑与全装配式混凝土建筑的概念，装配式混凝土建筑结构体系类型，装配式混凝土建筑的连接方式、装配式混凝土建筑的预制构件和预制构件制作工艺简介等。

第 2 章介绍了装配式混凝土建筑监理特点。

第 3 章讲述了装配式混凝土建筑监理依据规范。

第 4 章介绍了装配式混凝土建筑项目前期监理。

第 5 章是本书的重点内容，详细介绍了构件工厂监理的核心内容，包括钢筋制作过程监理、构件制作隐蔽工程验收、混凝土配制与运送监理、混凝土浇筑监理、预制构件养护监理、预制构件存放监理、预制构件验收、预制构件装车与运输环节监理等。

第 6 章是本书的另外一个重点内容，详细介绍了施工现场预制构件安装与连接方案审核、安装前准备与检查监理、安装前放线监理、单元试安装监理、安装作业监理、临时支撑系统监理、灌浆作业监理、后浇混凝土监理、预制构件接缝处理监理等。

第 7 章介绍了装配式混凝土建筑工程验收。

第 8 章介绍了常见质量问题及解决措施。

第 9 章介绍了常见安全问题及其预防。

本书编写分工如下：张玉波为第 1 章、第 2 章、第 3 章、第 5 章（部分）、第 6 章（部分）的主要编写者；樊向阳为第 4 章、第 5 章（部分）、第 6 章（部分）、第 9 章的主要编写者；李睿为第 5 章（部分）、第 6 章（部分）、第 7 章、第 8 章的主要编写者。

特别感谢本书编委会成员，《构件制作》一书的作者高中、张健、许德民、张长飞和《构件安装》一书的作者杜常岭、李营、张晓峰，他们为本书第 5 章、第 6 章提供了大量的照片和素材；其他编委会成员也通过群聊、讨论的方式为本书贡献了许多有益的内容或思路。

感谢沈阳兆寰现代建筑构件有限公司总工程师黄营先生、副总工程师张晓娜女士和设计师孙昊女士为本书提供了资料并绘制了部分插图。

由于装配式混凝土建筑在我国发展较晚，有很多施工技术及施工工艺尚未成熟，正在研究探索之中，加之编者水平和经验有限，书中难免存在不足和错误之处，敬请读者批评指正。

本书主编　张玉波

目　录

第1章 装配式混凝土建筑简介

本章介绍装配式建筑（1.1）、装配式混凝土建筑（1.2）、装配整体式混凝土建筑与全装配式混凝土建筑（1.3）、装配式混凝土建筑结构体系类型（1.4）、装配式混凝土建筑连接方式（1.5）、装配式混凝土建筑预制构件（1.6）和预制构件制作工艺简介（1.7）。

1.1 装配式建筑

1. 常规概念

一般来说，装配式建筑是指由预制部件通过可靠连接方式建造的建筑。装配式建筑有以下两个主要特征：

（1）构成建筑的主要构件特别是结构构件是预制的。

（2）预制构件的连接方式必须是可靠的。

2. 国家标准定义

按照装配式混凝土建筑、装配式钢结构建筑和装配式木结构建筑的国家标准中关于装配式建筑的定义，装配式建筑是指结构系统、外围护系统、内装系统、设备与管线系统的主要部分采用预制部品部件集成的建筑，如图 1-1 所示。

这个定义强调了装配式建筑是 4 个系统（而不仅仅

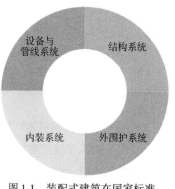

图 1-1 装配式建筑在国家标准定义中的 4 个系统

是结构系统）的主要部分采用预制部品部件集成的。

3. 对国家标准定义的理解

国家标准关于装配式建筑的定义既有现实意义，又有长远意义。这个定义基于以下国情：

（1）近年来我国建筑特别是住宅建筑的规模是人类建筑史上前所未有的，如此大的规模特别适于建筑产业全面（而不仅仅是结构部件）实现工业化与现代化。

（2）目前我国建筑标准低，适宜性、舒适度和耐久性还比较差，大多是以毛坯房的形式交付的，而且管线埋设在混凝土中，屋顶无吊顶，地面不架空，排水不同层等。强调4个系统集成，有助于建筑标准的全面提升。

（3）我国建筑业施工工艺还比较落后，不仅在结构施工方面，而且体现在设备管线系统和内装系统方面，标准化模块化程度都还比较低，与发达国家比较有较大的差距。

（4）由于建筑标准低和施工工艺落后，材料、能源消耗较高，是现在和未来我国节能减排的重要战场。

鉴于以上各点，强调4个系统的集成，不仅是"补课"的需要，更是适应现实、面向未来的需要。通过推广以4个系统集成为主要特征的装配式建筑，对于我国全面提升建筑现代化水平，提高环境效益、社会效益和经济效益都有着非常积极且长远的意义。

4. 装配式建筑的分类

（1）装配式建筑按主体结构材料分类，有装配式混凝土结构建筑（图1-2）、装配式钢结构建筑（图1-3）、装配式木结构建筑（图1-4）和装配式组合结构建筑（图1-5）等。

图 1-2 装配式混凝土结构建筑——沈阳丽水新城（我国最早的一批装配式建筑）

图 1-3 装配式钢结构建筑（美国科罗拉多州空军小教堂）

图 1-4 世界最高的装配式木结构建筑（温哥华 UBC 大学学生公寓楼，高 53m）

图 1-5 装配式组合结构建筑（东京鹿岛赤坂大厦，为混凝土结构与钢结构组合）

（2）装配式建筑按结构体系分类，有框架结构、框架-剪力墙结构、筒体结构、剪力墙结构、无梁板结构、空间薄壁结构、悬索结构和预制钢筋混凝土柱单层厂房结构等。

1.2 装配式混凝土建筑

1. 装配式混凝土建筑的定义

按照国家标准对装配式混凝土建筑的定义，装配式混凝土建筑是指建筑的结构系统由混凝土部件构成的装配式建筑。而装配式建筑又是由结构、外围护、内装系统和设备管线系统的主要部品部件预制集成的建筑。由此，装配式混凝土建筑有以下两个主要特征：

（1）构成建筑结构的构件是混凝土预制构件。

（2）装配式混凝土建筑是由 4 个系统——结构、外围护、内装系统和设备管线系统的主要部品部件预制集成的建筑。

国际建筑界习惯把装配式混凝土建筑简称为 PC 建筑。PC 是英语 Precast Concrete 的缩写，是预制混凝土的意思。

2. 装配式混凝土建筑的预制率和装配率

近年来，国家和各级政府主管建筑的部门在推广装配式建筑特别是装配式混凝土建筑时，经常会用到预制率和装配率的概念。

（1）预制率。预制率（Precast Ratio）一般是指装配式混凝土建筑中，建筑室外地坪以上的主体结构和围护结构中，预制构件部分的混凝土用量占混凝土总用量的体积比。

装配式混凝土建筑按预制率的高低可分为：小于 5% 为局部使用预制构件；5%～20% 为低预制率；20%～50% 为普通预制率；50%～70% 为高预制率；70% 以上为超高预制率（图 1-6）。这里需要说明的是，全装配式混凝土结构的预制率最高可以达到100%，但装配整体式混凝土结构的预制率最高只能达到90%左右。

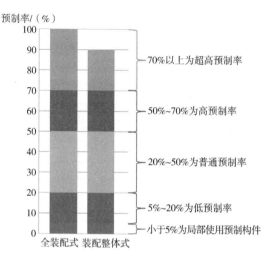

图1-6 装配式混凝土建筑的预制率

（2）装配率。按照国家标准《装配式建筑评价标准》（GB/T 51129—2017 的定义，装配率（Prefabrication Ratio）是指单体建筑室外地坪以上的主体结构、围护墙和内隔墙、装修和设备管线等采用预制部品部件的综合比例。

装配率应根据表1-1中的评价分值，按下式计算：

$$P = \frac{Q_1 + Q_2 + Q_3}{100 - Q_4} \times 100\% \qquad \text{式（1-1）}$$

式中　　P——装配率；

　　　　Q_1——主体结构指标实际得分值；

　　　　Q_2——围护墙和内隔墙指标实际得分值；

Q_3——装修与设备管线指标实际得分值；

Q_4——评价项目中缺少的评价项分值总和。

表 1-1　装配式建筑评分

评价项		评价要求	计算分值	最低分值
主体结构（50分）	柱、支撑、承重墙、延性墙板等竖向构件	35%≤比例≤80%	20～30 *	20
	梁、板、楼梯、阳台、空调板等构件	70%≤比例≤80%	10～20 *	
围护墙和内隔墙（20分）	非承重围护墙非砌筑	比例≥80%	5	10
	围护墙与保温、隔热、装饰一体化	50%≤比例≤80%	2～5 *	
	内隔墙非砌筑	比例≥50%	5	
	内隔墙与管线、装修一体化	50%≤比例≤80%	2～5 *	
装修和设备管线（30分）	全装修	—	6	6
	干式工法的楼面、地面	比例≥70%	6	—
	集成厨房	70%≤比例≤90%	3～6 *	
	集成卫生间	70%≤比例≤90%	3～6 *	
	管线分离	50%≤比例≤70%	4～6 *	

注：表中带"＊"项的分值采用"内插法"计算，计算结果取小数点后1位。

3. 国内装配式混凝土建筑的实例

我国装配式混凝土建筑的历史始于 20 世纪 50 年代，到 20 世纪 80 年代达至顶峰，预制构件厂一度星罗棋布。但这些装配式混凝土建筑由于抗震、漏水、透寒等问题没有很好地解决而日渐式微，到 20 世纪 90 年代初期，预制板厂大多都销声匿迹，现浇混凝土结构成为建筑舞台的主角。

进入 21 世纪后，由于建筑质量、劳动力成本和节能减排等原因，我国重新启动装配式进程，近十年来取得了非常大的进展，通过引进了国外成熟的技术，自主研发了一些具有我国特点的技术，并建造了一些装配式混凝土建筑，积累了宝贵的经验，也得到了一些教训。

图 1-7 是我国第一个在土地出让环节加入装配式建筑要求的商业开发项目，也是我国第一个大规模采用装配式建筑方式建设的商品住宅项目——沈阳万科春河里 17 号楼。

图 1-8 是目前国内应用最为广泛的剪力墙结构高层住宅。

图 1-7　沈阳万科春河里 17 号楼（我国最早的高预制率框架结构装配式混凝土建筑）

图 1-8　上海浦江保障房（国内应用范围最广泛的剪力墙结构装配式混凝土建筑）

图 1-9 是某大型装配式混凝土结构工业厂房。

图 1-10 是应用于公用建筑外围护结构的清水混凝土外挂墙板。

图 1-9　应用于大连的某大型装配式混凝土结构工业厂房（单体建筑面积超 10 万 m^2）

图 1-10　应用于哈尔滨大剧院的局部清水混凝土外挂墙板（包含平面板、曲面板和双曲面板等）

1.3　装配整体式混凝土建筑与全装配式混凝土建筑

装配式混凝土建筑根据预制构件连接方式的不同，分为装配整体式混凝土建筑和全装配式混凝土建筑。

1.3.1　装配整体式混凝土建筑

按照行业标准《装配式混凝土结构技术规程》（JGJ 1—2014）（以下简称《装规》）和国家标准《装配式混凝土建筑技术标准》（GB/T 51231—2016，以下简称《装标》）的定义，装配整体式混凝土建筑是指由预制混凝土构件通过可靠的方式进行连接并与现场后浇混凝土、水泥基灌浆料形成整体的装配式混凝土结构。简言之，装配整体式混凝土结构的连接以"湿连接"为主要方式（图 1-1），见第 1.5 节。

装配整体式混凝土结构具有较好的整体性和抗震性。目前，大多数多层和全部高层装配式混凝土建筑都是装配整体式，有抗震要求的低层装配式建筑也多是装配整体式结构。

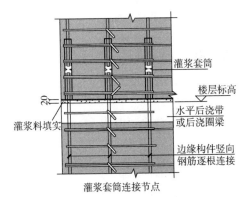

灌浆套筒连接节点

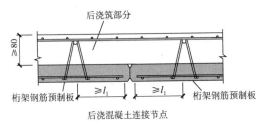

后浇混凝土连接节点

图 1-11　装配整体式建筑的"湿连接"节点图

1.3.2　全装配式混凝土建筑

全装配式混凝土结构是指预制混凝土构件靠"干连接"即用螺栓连接或焊接形成的装配式建筑。

全装配式混凝土建筑整体性和抗侧向作用的能力较差，不适于高层建筑。但它具有构件制作简单、安装便利、工期短且成本低等优点。国外许多低层和多层建筑都采用全装配式混凝土结构（图1-12）。

图 1-12 全装配式混凝土建筑——
美国凤凰城图书馆里的"干连接"节点图

1.4 装配式混凝土建筑结构体系类型

作为装配式混凝土建筑工程的从业者，应当对装配式混凝土建筑结构体系有大致的了解。

1.4.1 框架结构

框架结构是由柱、梁为主要构件组成的承受竖向和水平作用的结构。选用装配式建筑方案时，其预制构件可包括预制楼梯、预制叠合板、预制柱和预制梁等，适用于多层和小高层装配式建筑，是应用非常广泛的结构体系之一（图1-13和图1-14）。

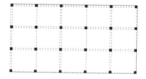

图 1-13 框架结构平面示意图

图 1-14 框架结构立体示意图

1.4.2 框架-剪力墙结构

框架-剪力墙结构是由柱、梁和剪力墙共同承受竖向和水平作用的结构，选用装配式建筑方案时，其预制构件可包括预制楼梯、预制叠合板、预制柱和预制梁等，但其中剪力墙部分一般为现浇，适用于高层装配式建筑，在国外应用较多（图1-15和图1-16）。

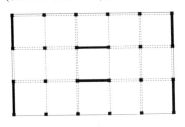

图1-15　框架-剪力墙结构
平面示意图

图1-16　框架-剪力墙
结构立体示意图

1.4.3　剪力墙结构

剪力墙结构是由剪力墙组成的承受竖向和水平作用的结构，剪力墙与楼盖一起组成空间体系。选用装配式建筑方案时，其预制构件可包括预制楼梯、预制叠合板和预制剪力墙等，适用于多层和高层装配式建筑，在国内应用较多，国外高层建筑应用较少（图1-17和图1-18）。

图1-17　剪力墙结构平面示意图

图1-18　剪力墙结构
立体示意图

1.4.4 框支剪力墙结构

框支剪力墙结构是剪力墙因建筑要求不能满足，只能直接设置在下层框架梁上，再由框架梁将荷载传至框架柱上的结构体系。选用装配式建筑方案时，其预制构件可包括预制楼梯、预制叠合板和预制剪力墙等，但其中下层框架部分一般为现浇。适用于底部商业（大空间）和上部住宅的建筑（图 1-19 和图 1-20）。

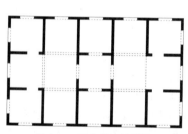

图 1-19　框支剪力墙结构　　　　图 1-20　框支剪力墙
平面示意图　　　　　　　　结构立体示意图

1.4.5 筒体结构

筒体结构是将剪力墙或密柱框架集中到房屋的内部和外围而形成的空间封闭式的筒体，根据内部和外围的组合不同，其可分为密柱单筒结构（图 1-21 和图 1-22）、密柱双筒结构、密柱＋剪力墙核心筒结构、束筒结构、稀柱＋剪力墙核心筒结构等。选用装配式建筑方案时，其预制构件可包括预制楼梯、预制叠合板、预制柱和预制梁等，适用于高层和超高层装配式建筑，在国外应用较多。

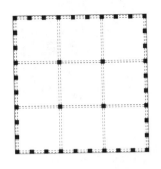

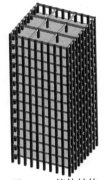

图 1-21 筒体结构
（密柱单筒）平面示意图

图 1-22 筒体结构
（密柱单筒）立体示意图

1.4.6 无梁板结构

无梁板结构是由柱、柱帽和楼板组成的承受竖向与水平作用的结构。选用装配式建筑方案时，其预制构件可包括预制楼梯、预制叠合板和预制柱等，适用于商场、停车场、图书馆等大空间装配式建筑（图 1-23 和图 1-24）。

1.4.7 单层厂房结构

单层厂房结构是由钢筋混凝土柱、轨道梁、预应力混凝土屋架或钢结构屋架组成承受竖向和水平作用的结构。选用装配式建筑方案时，其预制构件可包括预制柱、预制轨道梁和预应力屋架等，适用于工业厂房装配式建筑（图 1-25 和图 1-26）。

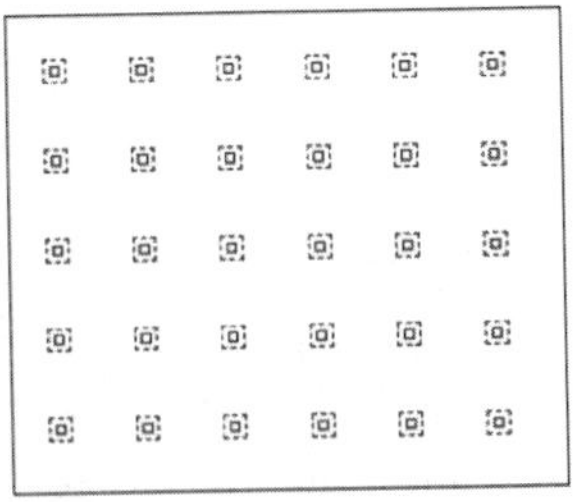

图 1-23 无梁板结构
平面示意图

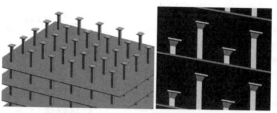

图 1-24　无梁板结构立体示意图

图 1-25　单层厂房结构
平面示意图

图 1-26　单层厂房结构
立体示意图

1.4.8　空间薄壁结构

空间薄壁结构是由曲面薄壳组成的承受竖向与水平作用的结构。选用装配式建筑方案时，其预制构件可包括预制楼梯、预制叠合板和预制外围护挂板等，适用于大型装配式公共建筑（图 1-27）。

图 1-27　空间薄壁结构实例——悉尼歌剧院

1.5 装配式混凝土建筑连接方式

1.5.1 连接方式概述

连接是装配式混凝土建筑最关键的环节，也是保证结构安全而需要重点监理的环节。

装配式混凝土建筑的连接方式主要分为两类：湿连接和干连接。

湿连接是用混凝土或水泥基浆料与钢筋结合形成的连接，如套筒灌浆、浆锚搭接和后浇混凝土等，适用于装配整体式混凝土建筑的连接；干连接主要借助于金属连接，如螺栓连接、焊接等，适用于全装配式混凝土建筑的连接和装配整体式混凝土建筑中的外挂墙板等非主体结构构件的连接。

湿连接的核心是钢筋连接，包括套筒灌浆连接、浆锚搭接、机械套筒连接、注胶套筒连接、绑扎连接、焊接、锚环钢筋连接、钢索钢筋连接和后张法预应力连接等。湿连接还包括预制构件与现浇接触界面的构造处理，如键槽和粗糙面；以及其他方式的辅助连接，如型钢螺栓连接。

干连接用得最多的方式是螺栓连接、焊接和搭接。

为了使读者对装配式混凝土建筑连接方式有一个清晰透彻的了解，这里给出了装配式混凝土结构连接方式一览，如图1-28所示。

1.5.2 主要连接方式简介

1. 套筒灌浆连接

套筒灌浆连接是装配整体式结构最主要、最成熟的连接方式之一，由美国人在1970年发明，至今已经有40多年的

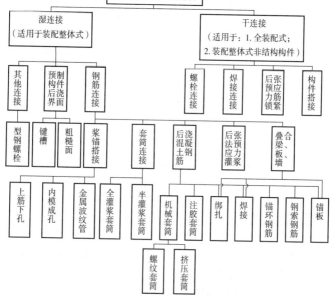

图1-28　装配式混凝土结构连接方式一览

历史，得到广泛应用，目前在日本应用最多，用于很多超高层建筑，最高的建筑是208m高的日本大阪的北浜公寓（图1-29）。日本套筒灌浆连接的装配式混凝土建筑经历过多次地震考验。

图1-29　日本大阪北浜公寓

套筒灌浆连接的工作原理是：将需要连接的带肋钢筋插入金属套筒内"对接"，在套筒内注入高强早强且有微膨胀特性的灌浆料拌合物，灌浆料拌合物在套筒筒壁与钢筋之间形成较大的正向应力，在钢筋带肋的粗糙表面产生较大的摩擦力，由此得以传递钢筋的轴向力（图1-30）。

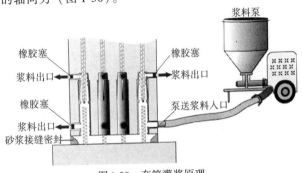

图1-30　套筒灌浆原理

2. 浆锚搭接

浆锚搭接的工作原理是：将需要连接的带肋钢筋插入预制构件的预留孔道里，预留孔道内壁是螺旋形的。钢筋插入孔道后，在孔道内注入高强早强且有微膨胀特性的灌浆料拌合物，锚固住插入钢筋。在孔道旁边，是预埋在构件中的受力钢筋，插入孔道的钢筋与之"搭接"，两根钢筋共同被螺旋筋或箍筋所约束（图1-31）。

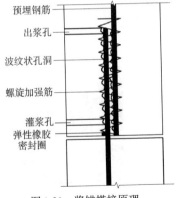

图1-31　浆锚搭接原理

浆锚搭接螺旋孔成孔有两种方式：一种是埋设金属波纹管成孔；另一种是用螺旋内模成孔。其中，前者在实际应用中更为可靠一些。

3. 后浇混凝土

后浇混凝土是指预制构件安装后在预制构件连接区或叠合层现场浇筑的混凝土。在装配式建筑中，基础、首层、裙楼、顶层等部位的现浇混凝土，称为现浇混凝土；连接和叠合部位的现浇混凝土后浇混凝土。

后浇混凝土是装配整体式混凝土结构中非常重要的连接方式。到目前为止，世界上所有的装配整体式混凝土结构建筑，都会用到后浇混凝土。

钢筋连接是后浇混凝土连接节点最重要的环节（图1-32）。后浇区钢筋连接方式包括以下几种：

（1）机械（螺纹、挤压）套筒连接。

（2）注胶套筒连接（日本应用较多）。

（3）灌浆套筒连接。

（4）钢筋搭接。

（5）钢筋焊接。

图1-32　后浇混凝土区域的受力钢筋连接

4．粗糙面与键槽

预制混凝土构件与后浇混凝土的接触面须做成粗糙面或键槽，以提高抗剪能力。试验表明，不计钢筋作用的平面、粗糙面和键槽混凝土抗剪能力的比例关系是 1：1.6：3，即粗糙面抗剪能力是平面抗剪能力的 1.6 倍，键槽是平面抗剪能力的 3 倍。所以，预制构件与后浇混凝土接触面或做成粗糙面，或做成键槽，或两者兼有。

（1）粗糙面。对于压光面（如叠合板、叠合梁表面），在混凝土初凝前"拉毛"形成粗糙面，见图 1-33。

对于模具面（如梁端、柱端表面），可在模具上涂刷缓凝剂，拆模后用水冲洗未凝固的水泥浆，露出骨料，形成粗糙面。

（2）键槽。键槽是靠模具凸凹成型的。图 1-34 所示是日本预制柱底部的键槽。

图 1-33　预应力叠合板压光面　　图 1-34　日本预制柱底部的键槽
　　　　　处理成粗糙面

1.5.3　连接方式适用范围

装配式混凝土建筑连接方式及适用范围见表 1-2。这里需要强调的是，套筒灌浆连接方式是竖向构件最主要的连接方式之一。

表 1-2 装配式混凝土建筑连接方式及适用范围

类别		序号	连接方式	可连接的构件	适用范围	备注
湿连接	灌浆	1	套筒灌浆	柱、墙	适用各种结构体系高层建筑	日本最新技术也用于梁
		2	内模成孔浆锚搭接	柱、墙	房屋高度小于三层或12m的框架结构，二、三级抗震的剪力墙结构（非加强区）	
		3	金属波纹管浆锚搭接	柱、墙	适用各种结构体系高层建筑	
	后浇混凝土钢筋连接	4	机械（螺纹、挤压）套筒钢筋连接	梁、楼板	适用各种结构体系高层建筑	
		5	注胶套筒钢筋连接	梁、楼板	适用各种结构体系高层建筑	
		6	灌浆套筒钢筋连接	梁	适用各种结构体系高层建筑	
		7	环形钢筋绑扎连接	墙板水平连接	适用各种结构体系高层建筑	
		8	直钢筋绑扎搭接	梁、楼板、阳台板、挑檐板、楼梯板固定端	适用各种结构体系高层建筑	
		9	直钢筋无绑扎搭接	双面叠合板、圆孔剪力墙	适用剪力墙结构体系高层建筑	
		10	钢筋焊接	梁、楼板、阳台板、挑檐板、楼梯板固定端	适用各种结构体系高层建筑	

类别		序号	连接方式	可连接的构件	适用范围	备注
后浇混凝土连接	其他连接	11	套环连接	墙板水平连接	适用各种结构体系高层建筑	
		12	绳索套环连接	墙板水平连接	适用多层框架结构和低层板式结构	
		13	型钢	柱	适用框架结构体系高层建筑	
叠合构件后浇混凝土连接		14	钢筋折弯锚固	叠合梁、叠合板等	适用各种结构体系高层建筑	
		15	钢筋锚板锚固	叠合梁、叠合阳台等	适用各种结构体系高层建筑	
预制混凝土与后浇混凝土连接面		16	粗糙面	各种接触后浇筑混凝土的预制构件	适用各种结构体系高层建筑	
		17	键槽	柱、梁等	适用各种结构体系高层建筑	
干连接		18	螺栓连接	楼梯、墙板、梁、柱	楼梯适用各种结构件适用框架结构建筑。主体结构或围护墙适用框架结构体系高层建筑	
		19	构件焊接	楼梯、墙板、梁、柱	楼梯适用各种结构件适用框架结构建筑。主体结构或围护墙板适用框架结构低层建筑	

1.6 装配式混凝土建筑预制构件

为了使大家对预制构件有一个总体的了解，我们将常用预制构件分为八大类，分别是楼板、剪力墙板、外挂墙板、框架墙板、梁、柱、复合构件和其他构件。这八大类中每一个大类又可以分为若干小类，合计68种。

1.6.1 楼板

各种楼板的类型及样式如图1-35～图1-44所示。

图1-35 实心板　　图1-36 空心板　　图1-37 叠合楼板

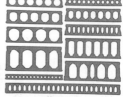

实物　　　　　　　　截面示意

图1-38 预应力空心板

出筋　　　　　　　　不出筋

图1-39 预应力叠合肋板

图 1-40 预应力双 T 板

图 1-41 预应力倒槽形板

图 1-42 空间薄壁板

图 1-43 非线性屋面板

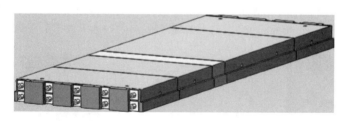

图 1-44 后张法预应力组合板

1.6.2 剪力墙板

各种剪力墙板的类型及样式如图 1-45～图 1-54 所示。

图 1-45　剪力墙外墙板　　　图 1-46　T 形剪力墙板

图 1-47　L 形剪力　图 1-48　U 形剪　图 1-49　L 形外叶板
　　　　墙板　　　　　　力墙板

图 1-50　双面叠合剪　图 1-51　预制圆孔　图 1-52　剪力
　　　　力墙板　　　　　　墙板　　　　墙内墙板

图 1-53 窗下轻体墙板   图 1-54 夹芯保温板

1.6.3 外挂墙板

各种外挂墙板的类型及样式如图 1-55 ~ 图 1-59 所示。

无窗   有窗   多窗

图 1-55 整间外挂墙板

图 1-56 横向外挂墙板

单层 多层

图 1-57 竖向外挂墙板

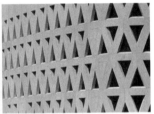

图 1-58 非线性墙板 图 1-59 镂空墙板

1.6.4 框架墙板

各种框架墙板的类型和样式如图 1-60 和图 1-61 所示。

图 1-60 暗柱暗梁墙板 图 1-61 暗梁墙板

1.6.5 梁

各种梁的类型和样式如图 1-62 ~ 图 1-72 所示。

图 1-62　普通梁

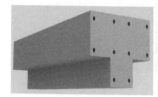

图 1-63　T 形梁

图 1-64　凸形梁

图 1-65　带挑耳梁

图 1-66　叠合梁

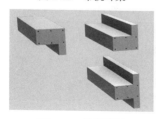

图 1-67　带翼缘梁

图 1-68　连梁

图 1-69　U 形梁　　　　　　图 1-70　叠合莲藕梁

图 1-71　工字形屋面梁

图 1-72　连筋式叠合梁

1.6.6　柱

各种柱的类型和样式如图 1-73～图 1-81 所示。

图 1-73　方柱　　　　　　　图 1-74　L 形扁柱

图 1-75　T形扁柱　　　　　　　　　图 1-76　带翼缘柱

图 1-77　带柱帽柱

图 1-78　带柱头柱　　　　　　　　图 1-79　跨层方柱

图1-80　跨层圆柱　　　　　图1-81　圆柱

1.6.7　复合构件

各种复合构件的类型和样式如图1-82～图1-88所示。

图1-82　莲藕梁

图1-83　单莲藕梁　　　　　图1-84　双莲藕梁

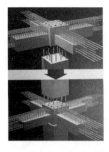

图 1-85　十字形莲藕梁

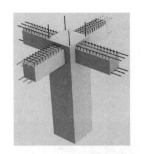

图 1-86　平面十字形梁柱

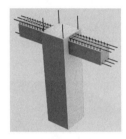

图 1-87　T形柱梁

图 1-88　草字头形梁柱一体构件

1.6.8　其他构件

其他构件的类型和样式如图 1-89 ~ 图 1-102 所示。

图 1-89　楼梯板（单跑、双跑）

图 1-90　叠合阳台板　　图 1-91　无梁板柱帽　图 1-92　杯形柱基础

图 1-93　全预制阳台板

图 1-94　空调板　　　　　　图 1-95　带围栏的阳台板

图 1-96　整体飘窗　　　　　图 1-97　遮阳板

图 1-98　室内曲面护栏板

图 1-99　轻质内隔墙板

图 1-100　挑檐板

图 1-101　女儿墙板

图 1-102　高层钢结构配套用防屈曲剪力墙板

1.7 预制构件制作工艺简介

常用预制构件的制作工艺有两类：固定式和流动式。其中固定式包括固定模台工艺、独立立模工艺和预应力工艺等；流动式包括流动模台工艺和自动流水线工艺等。不同制作工艺的适用范围各有不同。

1. 固定模台工艺

固定模台是一块平整度较高的钢结构平台，也可以是高平整度高强度的水泥基材料平台。以固定模台作为预制构件的底模，在模台上固定构件侧模，组合成完整的模具（图1-103）。

图 1-103   固定模台工艺

固定模台工艺组模、放置钢筋与预埋件、浇筑振捣混凝土、构件养护和拆模都在固定的模台上进行。固定模台工艺的模台是固定不动的，作业人员在各个固定模台间"流动"。钢筋骨架用吊车送到各个固定模台处；混凝土用送料车或送料吊斗送到固定模台处，养护蒸汽管道也通到各个固定模台下，预制构件就地养护；预制构件脱模后再用吊车送到存放区。

固定模台工艺是预制构件制作应用最广的工艺，可制作各种标准化构件、非标准化构件和异型构件（包括柱、梁、叠合梁、后张法预应力梁、叠合楼板、剪力墙板、夹芯保温剪力墙板、外挂墙板、楼梯、阳台板、飘窗、空调板及曲面造型构件等）。

2. 立模工艺

立模是由侧板和独立的底板（没有固定的底模）组成的模具。立模工艺中组模、放置钢筋及预埋件、浇筑振捣混凝土、构件养护和拆模同固定模台一致，只是产品是立式浇筑成型。

图1-104　独立立模——楼梯模具

立模工艺又分为独立立模工艺（图1-104）和集约式立模工艺（图1-105）两种。

图1-105　集约式立模（内墙板）

独立式立模的适用范围较窄，可用于柱、剪力墙板、楼梯、T形板和、L形板的制作。

3. 预应力工艺

预应力有先张法和后张法两种工艺，预制构件制作采用先张法工艺（图1-106）较多，先张法预应力预制构件生产时，首先将预应力钢筋，按规定在模台上铺设并张拉至初应力后进行钢筋作业，完成后整体张拉到规定的张力，然后浇筑混凝土成型或者挤压混凝土成型，混凝土经过养护、达到放张强度后拆卸边模和肋模，放张并切断预应力钢筋，切割预应力楼板。先张法预应力混凝土具有生产工艺简单、生产效率高、质量易控制、成本低等特点。除钢筋张拉和楼板切割外，其他工艺环节与固定模台工艺接近。

图1-106　预应力工艺

预应力工艺主要适用于有预应力这种特殊要求的预制构件，适用范围窄、产品比较单一，多用于预应力普通楼板、空心楼板等。

4. 流动模台工艺

流动模台工艺（图1-107）是将标准订制的模台放置在

滚轴或轨道上，使其能在各个工位循环流转。首先在组模区组模；然后移动到放置钢筋骨架和预埋件的作业区段，进行钢筋骨架和预埋件入模作业；再移动到浇筑振捣平台上进行混凝土浇筑；完成浇筑后模台下的平台振动，对混凝土进行振捣；之后，模台移动到养护窑进行养护；养护结束出窑后移到脱模区脱模，进行必要的修补作业后将预制构件运送存放区存放。

图1-107　流动模台工艺

流动模台工艺与固定模台工艺相比较适用范围窄、通用性低，可制作非预应力的标准化板类构件，包括叠合楼板、剪力墙外墙板、剪力墙内墙板、夹芯保温剪力墙板、外挂墙板、双面叠合剪力墙板及内隔墙板等。

5. 自动流水线工艺

自动流水线工艺就是高度自动化的流水线工艺，可分为全自动流水线工艺（混凝土自动成型和钢筋自动加工）和半自动流水线工艺（混凝土自动成型和非自动钢筋加工）两种。

全自动流水线通过电脑编程软件控制，将混凝土成型流水线设备（图 1-108）和自动钢筋加工流水线设备（图1-109）两部分自动衔接起来，能根据图纸信息及工艺要求操纵系统自动完成模板清理、机械手划线、机械手组模、脱模剂喷涂、钢筋加工、

图 1-108　全自动流水线设备

钢筋机械手入模、混凝土浇筑、机械振捣、电脑控制养护、翻转机、机械手抓取边模入库等全部工序。

图 1-109　全自动钢筋加工设备

与全自动流水线相比，半自动流水线仅包括了混凝土成型设备，不包括全自动钢筋加工设备。

全自动流水线在欧洲、南亚、中东等一些国家应用的较多，一般用来生产叠合楼板和双面叠合墙板以及不出筋的实心墙板。法国巴黎和德国慕尼黑各有一家预制构件工厂，采

用智能化的全自动流水线，年可产 110 万 m² 叠合楼板和双层叠合墙板，流水线上只有 6 个工人。

除了价格昂贵之外，限制国内自动流水线使用的主要原因是自动流水线的适用范围非常窄，主要适合标准化的没有伸出钢筋的墙板或叠合楼板等板式构件。而在我国现行装配式混凝土建筑标准和规范的约束下，目前几乎没有完全适合自动流水线的预制构件。

6. 钢筋加工工艺

按加工方式的不同，钢筋加工设备一般可分为两类，一类是全自动化加工设备（图 1-109），一类是常规的半自动/手动加工设备（图 1-110）。自动化能够加工的钢筋单件半成品较多，但加工钢筋骨架主要还是由手工作业完成。

常用的半自动/手动加工设备有自动化网片加工设备、自动化桁架筋加工设备、自动化钢筋调直、剪裁设备、切断机、大直径钢筋数控弯曲机、全自动箍筋加工机、钢筋调直切断机、弯曲机、弯箍机、数控调直弯箍一体机、电焊机和套丝机等。

图 1-110　普通钢筋切断机

第2章 装配式混凝土建筑监理特点

本章主要介绍装配式混凝土建筑监理特点概述（2.1）、监理单位须具备的条件（2.2）、对监理人员的要求（2.3）、对驻厂监理的要求（2.4）和对施工现场监理的要求（2.5）。

2.1 装配式混凝土建筑监理特点概述

尽管装配式混凝土建筑的监理工作在许多方面都与现浇混凝土建筑工程一样，但也存在一些不同之处，其特点主要表现为以下5个方面（图2-1）。

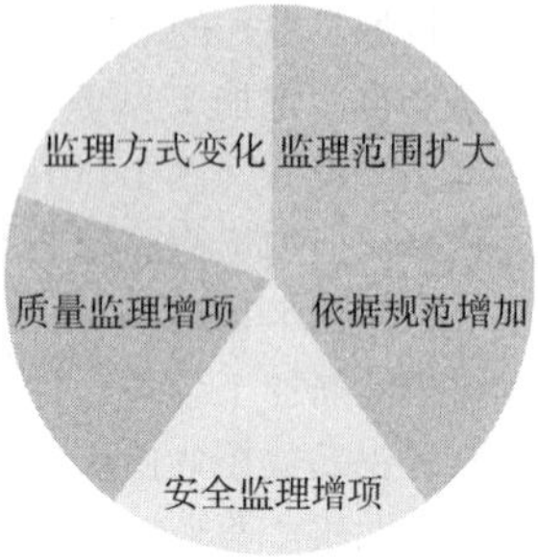

图2-1 装配式混凝土建筑监理特点

1. 监理范围扩大

监理范围外延，从施工工地外延至部品部件制作工厂和工厂的供应商，主要包括但不限于以下几方面：

（1）预制构件工厂。

（2）为预制构件工厂提供桁架筋和钢筋网片等钢筋加工厂。

（3）集成式厨房工厂。

（4）集成式卫浴工厂。

（5）整体收纳工厂。

（6）其他部品工厂。

2. 依据规范增加

除了依据现浇混凝土建筑所依据的所有规范外，还增加了以下规范（包括但不限于）：

（1）关于装配式混凝土建筑的国家标准《装标》。

（2）关于装配式混凝土建筑的行业标准《装规》。

（3）关于钢筋套筒灌浆连接的行业标准《钢筋套筒灌浆连接应用技术规程》（JGJ 355—2015）。

（4）关于灌浆套筒的行业标准《钢筋连接用灌浆套筒》（JG 398—2012）。

（5）关于套筒灌浆料的行业标准《钢筋连接用套筒灌浆料》（JG/T 408—2013）。

（6）关于灌浆材料的国家标准《水泥基灌浆材料应用技术规程》（GB/T 50448—2015）。

（7）关于钢筋机械连接的行业标准《钢筋机械连接技术规程》（JGJ 107—2016）。

（8）关于预应力钢筋的国家标准《预应力混凝土用钢绞线》（GB/T 5224—2014）。

此外，一些省、市还制定了关于装配式混凝土建筑的地方标准，这里不再一一列举。

3. 安全监理增项

在安全监理方面，主要增加了以下内容：

（1）工厂构件制作、搬运和存放过程的安全监理。

（2）构件从工厂到工地装车、运输的安全监理。

（3）构件在工地卸车、翻转、吊装、连接和支撑的安全监理等。

4. 质量监理增项

（1）工厂原材料和外加工部件、模具制作和钢筋加工等监理。

（2）套筒灌浆抗拉试验监理。

（3）拉结件试验验证监理。

（4）浆锚灌浆内模成孔试验验证监理。

（5）钢筋、套筒、金属波纹管、拉结件、预埋件入模或锚固监理。

（6）预制构件隐蔽工程验收监理。

（7）工厂混凝土质量监理。

（8）工地安装质量和钢筋连接环节（如套筒灌浆作业环节）质量监理。

（9）后浇混凝土的混凝土浇筑质量监理等。

5. 监理方式变化

（1）装配式混凝土建筑的结构安全有"脆弱"点，需要增加旁站监理环节。

（2）装配式混凝土建筑在施工过程中一旦出现问题，能采取的补救措施较少，从而使监理工作难度提高，对监理预先发现问题的能力要求更高。

（3）装配式混凝土建筑施工规范还不够全面和细化，监理工作需要更多的经验和探索去完善。

2.2 监理单位须具备的条件

监理单位除了应具备相应的企业资质外，从事装配式建筑工程监理工作还应具备以下条件：

（1）最好从事过装配式建筑工程监理业务，有实际业绩。但在装配式建筑开展初期，具备这样条件的监理企业比较少，这个条件可以适当放宽。比如监理单位没有装配式建筑的监理业绩与经验，可以同有业绩和经验的监理单位合作，或者聘用有经验的总监。

（2）具体从事装配式监理工作的监理人员应具有装配式

建筑监理经验。如果聘用了没有装配式经验的监理人员，但其应该对现浇混凝土工程监理很有经验，同时应该对其进行装配式建筑监理业务的专业培训，培训合格后才能上岗。

（3）监理企业内部应制定装配式建筑全过程各个环节的监理细则与工作程序。

（4）在运用 BIM 进行全链条管理的项目中，监理人员应当会熟练应用 BIM 软件。

2.3　对监理人员的要求

装配式建筑监理人员包括总监、驻厂监理和施工现场监理，这些监理人员不仅应掌握监理基础业务知识和传统现浇建筑的相关知识，还应按管理范围掌握相应的装配式建筑知识。

1. 各级监理人员都应当掌握的装配式建筑基本知识

（1）装配式建筑的基本知识。

（2）装配式建筑国家标准《装标》、行业标准《装规》、《钢筋连接用灌浆套筒》（JG/T 398—2012）、《钢筋连接用套筒灌浆料》（JG/T 408—2013）和其他标准中关于材料、制作和施工的规定。

（3）装配式混凝土建筑的预制构件及适用结构体系。

（4）装配式建筑构件连接的基本知识；特别是套筒灌浆基本原理和监理要点等。

（5）装配式建筑图样会审和技术交底的要点。

（6）对于质量和安全方面的违章或者不合格作业有基本的判断能力并熟悉处理流程。

（7）对吊索、吊具以及吊装作业的基本知识。

2. 驻厂监理应掌握的构件制作知识

（1）构件制作工艺基本知识。

（2）构件制作方案审核的主要内容。

（3）驻厂监理的工作内容与重点。

（4）构件制作原材料和部件基本知识以及监理要点。

（5）三项试验的规定与套筒灌浆试验方法。

（6）模具基本知识和监理要点。

（7）预制构件装饰一体化基本知识和监理要点。

（8）钢筋加工基本知识和监理要点。

（9）钢筋、套筒、金属波纹管、预埋件、内模等入模固定的基本知识与监理要点。

（10）吊点的锚固、局部加强加固等基本知识。

（11）预制构件制作隐蔽工程验收要点。

（12）预制构件混凝土浇筑基本知识和监理要点。

（13）预制构件混凝土取样试验监理要点。

（14）预制构件养护基本知识和监理要点。

（15）预制构件脱模、翻转基本知识和监理要点。

（16）预制构件存放、运输基本知识和监理要点。

（17）预制构件检查验收的规定。

（18）预制构件档案与出厂证明文件的要求等。

3. 驻工地现场监理应掌握的装配式混凝土建筑施工知识

（1）装配式混凝土建筑施工监理项目与重点。

（2）装配式建筑施工方案审核的主要内容。

（3）装配式建筑施工质量体系要点。

（4）预制构件进场检查方法与要点。

（5）施工用材料、配件基本知识和监理要点。

（6）集成化部品基本知识和进场验收要点。

（7）构件在工地临时存放、场内运输的基本知识和监理要点。

(8) 构件吊装知识与监理要点。

(9) 装配式混凝土构件连接基本知识。

(10) 构件临时支撑基本知识与监理要点。

(11) 灌浆作业旁站监理要点。

(12) 后浇混凝土隐蔽工程监理要点。

(13) 后浇混凝土浇筑监理要点。

(14) 防雷引下线基本知识与监理要点。

(15) 构件接缝基本知识与监理要点。

(16) 内装施工监理要点。

(17) 成品保护监理要点。

(18) 工程验收的规定。

(19) 工程档案的规定。

4. 总监应掌握的知识

总监除掌握以上知识外，还应掌握装配式建筑及其监理的全面知识和能力，具体包括以下几方面内容：

(1) 装配式建筑国家标准、行业标准关于设计的规定，熟悉连接节点设计要求。

(2) 熟悉装配式建筑专用材料基本性能，特别是物理和力学性能。

(3) 熟悉吊具、吊索、构件支撑的设计计算方法，有审核设计的能力。

(4) 对装配式建筑构件制作与施工出现的一般性安全、质量问题有解决能力。

(5) 重大问题有组织设计、制作、施工各方共同解决的组织能力。

2.4 对驻厂监理的要求

1. 装配式建筑必须驻厂监理的原因

装配式建筑与现浇建筑一个主要的差别就是将施工工地大量的现场混凝土浇筑改为了工厂预制，增加了构件制作这一重要环节，大量的构件制作需要在工厂完成，构件制作的质量直接影响建筑的整体质量。因此，构件制作环节的质量控制尤为重要，监理单位作为工程质量控制的监管方必须派驻厂监理，主要有以下几方面原因：

（1）《混凝土结构工程施工质量验收规范》（GB 50204—2015）对装配式混凝土结构用预制构件的验收规定了以下三种方式：结构性能检测、驻厂监造和实体检验。结构性能检测和实体检验是针对已制造出来的产品进行检验，属于事后控制措施，如果预制构件不合格，重新生产势必影响工程进度，而驻厂监理正是为了避免上述问题而采取的必要措施。

（2）装配式建筑主体结构从原来的在施工现场现浇转移到工厂预制构件，因此监理工作内容中对于结构隐蔽工程验收工作都转换成在工厂对预制构件的隐蔽工程验收工作。隐蔽工程直接影响整体结构安全，预制构件的隐蔽工程验收工作是装配式建筑监理工作最重要的工作内容之一，必须派驻驻厂监理。

2. 驻厂监理的工作内容

驻厂监理的具体监理工作内容见表2-1。

表 2-1　装配式建筑驻厂监理工作内容

类别	监理项目	监理内容
图样会审、技术交底	（1）熟悉设计图、领会设计意图、明确质量控制关键环节各重点难点 （2）分析预制构件制作、运输、存放及现场吊装、临时固定、连接施工的可行性和便利性，提出设计优化建议 （3）检查各类试验验证、检测的设计参数是否明确 （4）检查装配式混凝土建筑常见质量问题和关键环节，是否结合本工程实际制定相应技术措施或设计优化方案	参与组织设计、制作、施工协同设计
制作方案审核	（1）审查制作方案内容的全面性、可操作性 （2）制作中的重点、难点及相应施工措施 （3）方案是否符合国家强制标准要求，如是否有套筒灌浆拉拔试验方案	审核方案
原材料	套筒或金属波纹管	检查资料，参与或抽查实物检验
原材料	外加工的桁架筋	到钢筋加工厂监理和参与进场验收
原材料	钢筋	检查资料，参与或抽查实物检验

类别	监理项目	监理内容
原材料	水泥	检查资料，参与或抽查实物检验
	细骨料（砂）	检查资料，参与或抽查实物检验
	粗骨料（石子）	检查资料，参与或抽查实物检验
	外加剂	检查资料，参与或抽查实物检验
	吊点、预埋件、预埋螺母	检查资料，参与或抽查实物检验
	钢筋间隔件（保护层垫块）	检查资料，参与或抽查实物检验
	装饰一体化构件用的瓷砖、石材、不锈钢挂钩、隔离剂	检查资料，参与或抽查实物检验
	门窗一体化构件用的门窗	检查资料，参与或抽查实物检验
	防雷引下线	检查资料，参与或抽查实物检验
	须预埋到构件中的管线、埋设物	检查资料，参与或抽查实物检验
试验	钢筋套筒灌浆抗拉试验	旁站监理，审查试验结果
	混凝土配合比设计、试验	复核
	夹芯保温板拉结件试验	检查资料，参与或抽查实物检验
	浆锚搭接金属波纹管以外的成孔试验验证	审查试验结果

类别	监理项目	监理内容
模具	模具进场	检查
	模具首个构件	检查
	模具组装	抽查
	门窗一体化构件门窗框入模	抽查
	装饰一体化瓷砖或石材入模	抽查
钢筋、预埋件	预制构件钢筋制作与骨架	抽查
	钢筋骨架入模	抽查
	套筒或浆锚孔内模或金属波纹管入模、固定	检查
	吊点、预埋件、预埋物入模、固定	抽查
	隐蔽工程	检查、签字隐蔽工程检查记录
混凝土浇筑、养护、脱模	混凝土搅拌站配合比计量复核	检查
	混凝土浇筑、振捣	抽查
混凝土浇筑、构件养护、脱模	混凝土试块取样	检查
	夹芯保温板拉结件插入外叶板	检查
	构件养护静停、升温、恒温、降温控制	抽查
	脱模强度控制	审核
	构件脱模后初检	检查

类别	监理项目	监理内容
夹芯保温板后续制作	夹芯保温板铺设	抽查
	夹芯保温板拉结件埋设	抽查
	夹芯保温板内叶板浇筑	抽查
验收与出厂	构件修补	审核方案、抽查
	构件标识	抽查
	构件存放	抽查
	构件出厂检验	验收、签字
	构件装车	抽查
	第三方检验项目取样	检查
	检查工厂技术档案	复核

3. 驻厂监理的监理重点

驻厂监理的监理重点主要有以下几个方面。

（1）准备阶段

1）参与图样会审：由于装配式混凝土结构属于新技术，不如现浇混凝土结构及钢结构设计成熟，设计人员在设计方案制定过程当中应与制作方、施工方交流探讨，吸取经验，使得设计方案不断优化和完善。在图样会审时，对涉及结构安全的问题，应从设计角度来解决，做到事前控制，以利于现场安装和质量保证。

2）审核构件制作的技术方案，熟悉构件制作流程，制定驻厂监理细则，明确监理工作流程，为后续监理工作奠定基础。

（2）对构件制作涉及结构安全的主要原材料进行重点检

查，见证取样，跟踪复试结果。涉及构件结构安全的主要原材料有钢筋、水泥、砂子、石子、套筒、金属波纹管、拉结件、连接件、吊点及临时支撑的预埋件等。

（3）构件工厂大都拥有混凝土搅拌站，混凝土材料自产自用。这就要求驻厂监理按设计和规范要求重点检查混凝土配合比、留置试块情况，还需要有资质的试验室对混凝土进行试验，跟踪试验结果，保证混凝土强度。

（4）重点检查连接内外叶板的拉结件锚固深度、数量设置、位置定位是否符合设计计算的要求，保证夹芯保温板的内外叶板形成有效且安全可靠的连接。

（5）隐蔽工程验收重点检查套筒或金属波纹管定位、钢筋骨架绑扎及钢筋锚固长度，保证装配式建筑构件自身的结构安全和竖向结构连接的安全。

（6）套筒灌浆是装配式建筑中最重要的环节，因此套筒灌浆的拉拔试验的监理是驻厂监理最重要的工作，要求驻厂监理旁站，审核试验结果。

（7）预埋件隐蔽验收，重点检查吊点位置，否则会直接影响施工吊装安全；还要重点检查支撑定位，支撑定位直接影响构件固定及校正，从而影响施工安全。

（8）混凝土浇筑完成后，驻厂监理重点检查混凝土养护，跟踪混凝土试验结果，控制构件实体强度，以此确定脱模、运输、吊装的时间，保证构件自身的结构安全。

2.5 对施工现场监理的要求

1. 施工现场监理的重要性

与现浇建筑一样，装配式建筑也需要现场监理。不但如此，由于装配式建筑的自身特点，使得装配式建筑的现场监理承担了比现浇建筑的现场监理更多的监理内容和责任。详见第 2.1 节的内容。

2. 装配式建筑施工安装过程中的监理项目、内容和重点等级

装配式建筑施工安装过程中的监理项目、内容和重点等级见表 2-2。

表 2-2　装配式建筑施工安装过程中的监理项目、内容和重点等级

类别	监理项目	监理内容	重点等级
准备	图样会审与技术交底	参与	★★★★
	施工组织设计	审核	★★★★★
	重要环节技术方案制定	参与、审核	★★★★★
	实体样板制作、评估	参与	★★★★
商品部件	预制构件入场验收	参与、全数核查	★★★★★
	其他部品入场验收（门窗、内隔墙、集成浴室、集成厨房、集成收纳柜等)	参与、抽查	★★
工地原材料	灌浆料	检查资料、参与验收实物	★★★
	接缝封堵及分仓材料	检查资料、参与验收实物	★★★
	钢筋	检查资料、参与验收实物	★★★
	商品混凝土	检查资料、参与验收实物	★★★

类别	监理项目	监理内容	重点等级
工地原材料	临时支撑预埋件	检查资料、参与验收实物	★★★
	安装构件用螺栓、螺母、连接件、垫块	检查资料、参与验收实物	★★★
	构件接缝保温材料	检查资料、参与验收实物	★★★★
	构件接缝防水材料	检查资料、参与验收实物	★★★★
	构件接缝防火材料	检查资料、参与验收实物	★★★★
	防雷引下线连接用材料和防锈蚀材料	检查资料、参与验收实物	★★★★
	临时支撑设施	抽查	★★
试验	受力钢筋套筒抗拉试验	见证取样检查、审核结果	★★★★★
	吊具检验	检查	★★★★★
安装前作业	后浇混凝土伸出钢筋精度控制	检查	★★★★★
	安装部位混凝土质量	检查	★★★
安装前作业	放线测量方案与控制点复核	检查	★★★
	剪力墙构件灌浆分仓方案	审核	★★★

类别	监理项目	监理内容	重点等级
构件吊装	构件安装定位	检查	★★★
	构件支撑	检查	★★★
	灌浆作业	旁站全程监督	★★★★★
	外挂墙板、楼梯等螺栓固定	检查	★★★★★
	防雷引下线连接	检查	★★★
后浇混凝土施工	后浇筑混凝土钢筋加工	抽查	★★
	后浇筑混凝土钢筋入模	检查	★★★
	后浇混凝土支模	检查	★★★
	后浇混凝土隐蔽工程验收	检查、签字隐蔽工程记录	★★★★★
	叠合层管线敷设	抽查	★★
	后浇混凝土浇筑	抽查	★★
	后浇混凝土试块留样	抽查	★★★
	后浇混凝土养护	抽查	★★
其他安装	构件接缝保温、防水、防火施工	抽查	★★★★
	其他部品安装	抽查	★★
工程验收	安装工程	验收、签字	★★★★★
	工程技术档案	复核	★★★★★

3. 现场监理的监理重点

现场监理的监理重点主要有以下几个方面：

（1）准备阶段的施工组织设计和重要环节技术方案制定。准备阶段的施工组织设计和重要环节技术方案制定对于后续的监理工作有着非常重要的指导意义，必须引起足够的重视，把方案做好、做细。

（2）预制构件入场验收。判断预制构件的质量好坏对于现场监理来说非常重要，一旦有缺陷甚至有安全隐患的预制构件没有在入场验收时被发现，就可能会造成安装阶段大量的窝工或返工现象，影响工期，并增加成本。

（3）受力钢筋套筒抗拉试验和吊具检验。受力钢筋套筒抗拉试验是很容易被忽视的试验，但对于结构安全来说却是至关重要的一环。吊具的使用在安装过程中非常频繁，因此对于吊具的检验也至关重要。

（4）后浇混凝土伸出钢筋精度控制、检查。后浇混凝土的核心是钢筋连接，是实现构件钢筋伸入支座的构造措施，后浇混凝土伸出钢筋精度控制和检查是保证连接质量的重要手段。

（5）灌浆作业。灌浆作业是装配式建筑施工中最为重要的关键节点之一。灌浆作业的质量直接影响着建筑物的耐久性和安全性。因此，对装配式建筑灌浆作业的施工必须进行全程旁站监理，从而保证灌浆作业的施工符合设计及规范要求。

（6）外挂墙板、楼梯等螺栓固定。外挂墙板的支座和楼梯一端的滑动连接是不应被拧紧的，这样的设计是为了地震时外挂墙板或楼梯不会随着地震产生的层间位移而扭动：一是保护构件本身不被破坏，二是避免把这种层间位移的横向力传递给主体结构，造成主体结构破坏。但现场施工工人往往不懂这个原理，会把螺栓锁紧，把楼梯用水泥浆料固定住，使这种设计失效，从而造成安全隐患。因此这也是监理人员应该重点关注的环节之一。

（7）后浇混凝土的隐蔽工程验收。后浇混凝土是连接预制部分和现浇部分的重要连接节点之一，其重要性不言而喻。应防止现场施工人员忽略其质量。

（8）安装工程验收和工程技术档案。安装工程验收是最后一道把握安装工程质量的关口，工程技术档案的好坏则直接影响到质量和责任的追溯等，这也是监理工作中极其重要的一环。

第3章 装配式混凝土建筑监理依据规范

本章主要介绍装配式混凝土建筑监理依据的规范目录（3.1）、工厂监理环节主要依据的规范条文（3.2）和现场监理环节主要依据的规范条文（3.3）。

3.1 装配式混凝土建筑监理依据的规范目录

装配式混凝土建筑监理与现浇混凝土建筑监理有所不同，其中的一大特点就是"依据规范增加"。表3-1列出了装配式混凝土建筑监理工作主要依据的规范目录。

表3-1 装配式混凝土建筑监理工作主要依据的规范目录

序号	标准名称	标准号
1	《装标》	GB/T 51231—2016
2	《混凝土结构工程施工质量验收规范》	GB 50204—2015
3	《装规》	JGJ 1—2014
4	《钢筋套筒灌浆连接应用技术规程》	JGJ 355—2015
5	《钢筋机械连接技术规程》	JGJ 107—2016
6	《混凝土结构工程施工规范》	GB 50666—2011
7	《建设工程监理规范》	GB/T 50319—2013
8	《混凝土质量控制标准》	GB 50164—2011
9	《建筑工程施工质量验收统一标准》	GB 50300—2013
10	《水泥基灌浆材料应用技术规范》	GB/T 50448—2015
11	《钢筋连接用灌浆套筒》	JG/T 398—2012
12	《钢筋连接用套筒灌浆料》	JG/T 408—2013

限于篇幅，第3.2节和第3.3节仅对前4个最为常用的标准进行整理和介绍。

3.2 工厂监理环节主要依据的规范条文

3.2.1 《装配式混凝土结构建筑技术标准》（GB/T 51231—2016）（《装标》）

《装标》第9部分"生产运输"对装配式混凝土预制构件的制作进行了细致的规定。

1. 预制构件生产单位的规定

生产单位应具备保证产品质量要求的生产工艺设施、试验检测条件，建立完善的质量管理体系和制度，对预制构件生产宜建立首件验收制度和质量可追溯的信息化管理系统。（《装标》第9.1.1条）

2. 预埋件、连接件等材料质量的规定

（1）预埋吊件进厂检验：同一厂家、同一类别、同一规格预埋吊件不超过10000件为一批，进行外观尺寸、材料性能、抗拉拔性能等试验，检验结果应合格。（《装标》第9.2.15条）

（2）内外叶墙体拉结件进厂检验：同一厂家、同一类别、同一规格产品不超过10000件为一批，进行外观尺寸、材料性能、力学性能检验，检验结果应合格。（《装标》第9.2.16条）

（3）灌浆套筒和灌浆料进厂检验应符合现行行业标准《钢筋套筒灌浆连接应用技术规程》JGJ 355的有关规定。（《装标》第9.2.17条）

（4）钢筋浆锚连接用镀锌金属波纹管进厂应全数检查外

观质量，且同一钢带厂生产的同一批钢带所制造的波纹管每50000m 为一批，进行径向刚度和抗渗漏性能检验，检验结果应合格。（《装标》第 9.2.18 条）

3. 制作预制构件所用模具的规定

（1）预制构件生产应根据生产工艺、产品类型等制定模具方案，应建立健全模具验收、使用制度。（《装标》第 9.3.1 条）

（2）模具应具有足够的强度、刚度和整体稳固性，并应符合下列规定：（《装标》第 9.3.2 条）

1）模具应装拆方便，并应满足预制构件质量、生产工艺和周转次数等要求。

2）结构造型复杂、外形有特殊要求的模具应制作样板，经检验合格后方可批量制作。

3）模具各部件之间应连接牢固，接缝应紧密，附带的埋件或工装应定位准确，安装牢固。

4）用作底模的台座、胎模、地坪及铺设的底板等应平整光洁，不得有下沉、裂缝、起砂和起鼓。

5）模具应保持清洁，涂刷脱模剂、表面缓凝剂时应均匀、无漏刷、无堆积，且不得沾污钢筋，不得影响预制构件外观效果。

6）应定期检查侧模、预埋件和预留孔洞定位措施的有效性；应采取防止模具变形和锈蚀的措施；重新启用的模具应检验合格后方可使用。

7）模具与平模台间的螺栓、定位销、磁盒等固定方式应可靠，防止混凝土振捣成型时造成模具偏移和漏浆。

（3）除设计有特殊要求外，预制构件模具尺寸偏差和检验方法应符合表 3-2 的规定。（《装标》第 9.3.3 条）

表 3-2 预制构件模具尺寸允许偏差和检验方法
(《装标》表 9.3.3)

项次	检验项目及内容		允许偏差/mm	检验方法
1	长度	≤6m	1, -2	用钢尺量平行构件高度方向,取其中偏差绝对值较大处
		>6m 且≤12m	2, -4	
		>12m	3, -5	
2	截面尺寸	墙板	1, -2	用钢尺测量两端或中部,取其中偏差绝对值较大处
3		其他构件	2, -4	
4	对角线差		3	用钢尺量纵、横两个方向对角线
5	侧向弯曲		$l/1500$ 且≤5	拉线,用钢尺量侧向弯曲最大处
6	翘曲		$l/1500$	对角拉线测量交点间距离值的两倍
7	底模表面平整度		2	用2m靠尺和塞尺量
8	组装缝隙		1	用塞片或塞尺量
9	端模与侧模高低差		1	用钢尺量

注: l 为模具与混凝土接触面中最长边的尺寸。

(4) 预制构件上的预埋件和预留孔洞宜通过模具进行定位,并安装牢固,其安装偏差应符合表3-3的规定。(《装标》第9.3.4条)

表3-3 模具上预埋件、预留孔洞安装允许偏差
(《装标》表9.3.4)

项次	检验项目		允许偏差 /mm	检验方法
1	预埋钢板、建筑幕墙用槽式预埋组件	中心线位置	3	用尺量测纵横两个方向的中心线位置,取其中较大值
		平面高差	±2	钢直尺和塞尺检查
2	预埋管、电线盒、电线管水平和垂直方向的中心线位置偏移、预留孔、浆锚搭接预留孔(或波纹管)		2	用尺量测纵横两个方向的中心线位置,取其中较大值
3	插筋	中心线位置	3	用尺量测纵横两个方向的中心线位置,取其中较大值
		外露长度	10, 0	用尺量测
4	吊环	中心线位置	3	用尺量测纵横两个方向的中心线位置,取其中较大值
		外露长度	0, -5	用尺量测
5	预埋螺栓	中心线位置	2	用尺量测纵横两个方向的中心线位置,取其中较大值
		外露长度	5, 0	用尺量测

项次	检验项目		允许偏差 /mm	检验方法
6	预埋螺母	中心线位置	2	用尺量测纵横两个方向的中心线位置，取其中较大值
		平面高差	±1	钢直尺和塞尺检查
7	预留洞	中心线位置	3	用尺量测纵横两个方向的中心线位置，取其中较大值
		尺寸	3，0	用尺量测纵横两个方向尺寸，取其中较大值
8	灌浆套筒及连接钢筋	灌浆套筒中心线位置	1	用尺量测纵横两个方向的中心线位置，取其中较大值
		连接钢筋中心线位置	1	用尺量测纵横两个方向的中心线位置，取其中较大值
		连接钢筋外露长度	5，0	用尺量测

（5）预制构件中预埋门窗框时，应在模具上设置定位装置进行固定，并应逐件检验。门窗框安装偏差和检验方法应符合表 3-4 的规定。（《装标》第 9.3.5 条）

表 3-4　门窗框安装允许偏差和检验方法（《装标》表 9.3.5）

项　目		允许偏差/mm	检验方法
锚固脚片	中心线位置	5	钢尺检查
	外露长度	5，0	钢尺检查
门窗框位置		2	钢尺检查
门窗框高、宽		±2	钢尺检查
门窗框对角线		±2	钢尺检查
门窗框的平整度		2	靠尺检查

4. 预制构件制作中所用的钢筋及预埋件制作、安装的规定

（1）钢筋宜采用自动化机械设备加工，并应符合现行国家标准《混凝土结构工程施工规范》GB 50666 的有关规定。（《装标》第 9.4.1 条）

（2）钢筋连接除应符合现行国家标准《混凝土结构工程施工规范》GB 50666 的有关规定外，尚应符合下列规定：（《装标》第 9.4.2 条）

1）钢筋接头的方式、位置、同一截面受力钢筋的接头百分率、钢筋的搭接长度及锚固长度等应符合设计要求或国家现行有关标准的规定。

2）钢筋焊接接头、机械连接接头和套筒灌浆连接接头均应进行工艺检验，试验结果合格后方可进行预制构件生产。

3）螺纹接头和半灌浆套筒连接接头应使用专用扭力扳手拧紧至规定扭力值。

4）钢筋焊接接头和机械连接接头应全数检查外观质量。

5）焊接接头、钢筋机械连接接头、钢筋套筒灌浆连接接头力学性能应符合现行行业标准《钢筋焊接及验收规程》JGJ 18、《钢筋机械连接技术规程》JGJ 107 和《钢筋套筒灌浆连接应用技术规程》JGJ 355 的有关规定。

（3）钢筋半成品、钢筋网片、钢筋骨架和钢筋桁架应检查合格后方可进行安装，并应符合下列规定：（《装标》第9.4.3条）

1）钢筋表面不得有油污，不应严重锈蚀。

2）钢筋网片和钢筋骨架宜采用专用吊架进行吊运。

3）混凝土保护层厚度应满足设计要求。保护层垫块宜与钢筋骨架或网片绑扎牢固，按梅花状布置，间距应满足钢筋限位及控制变形要求，钢筋绑扎丝甩扣应弯向构件内侧。

4）钢筋成品的尺寸偏差应符合表 3-5 的规定，钢筋桁架的尺寸偏差应符合表 3-6 的规定。

表 3-5 钢筋成品的允许偏差和检验方法（《装标》表 9.4.3-1）

项　　目		允许偏差/mm	检验方法
钢筋网片	长、宽	±5	钢尺检查
	网眼尺寸	±10	钢尺量连续三档，取最大值
	对角线	5	钢尺检查
	端头不齐	5	钢尺检查
钢筋骨架	长	0，−5	钢尺检查
	宽	±5	钢尺检查
	高（厚）	±5	钢尺检查
	主筋间距	±10	钢尺量两端、中间各一点，取最大值
	主筋排距	±5	钢尺量两端、中间各一点，取最大值
	箍筋间距	±10'	钢尺量连续三档，取最大值
	弯起点位置	15	钢尺检查

项　目		允许偏差/mm	检验方法
钢筋骨架	端头不齐	5	钢尺检查
	保护层　柱、梁	±5	钢尺检查
	保护层　板、墙	±3	钢尺检查

表3-6　钢筋桁架尺寸允许偏差（《装标》表9.4.3-2）

项次	检验项目	允许偏差/mm
1	长度	总长度的±0.3%，且不超过±10
2	高度	1，-3
3	宽度	±5
4	扭翘	≤5

（4）预埋件加工偏差应符合表3-7的规定。（《装标》第9.4.4节）

表3-7　预埋件加工允许偏差（《装标》表9.4.4）

项次	检验项目		允许偏差/mm	检验方法
1	预埋件锚板的边长		0，-5	用钢尺量测
2	预埋件锚板的平整度		1	用直尺和塞尺量测
3	锚筋	长度	10，-5	用钢尺量测
		间距偏差	±10	用钢尺量测

5. 预制预应力构件的规定

（1）预制预应力构件生产应编制专项方案，预应力张拉台座应进行专项施工设计，并应具有足够的承载力、刚度及整体稳固性。（《装标》第9.5.1条和第9.5.2条）

（2）预应力筋下料应使用砂轮锯或切断机等机械方法切断，不得采用电弧或气焊切断。（《装标》第9.5.3条）

（3）钢丝镦头的头型直径不宜小于钢丝直径的1.5倍，高度不宜小于钢丝直径，镦头不应出现横向裂纹。（《装标》第9.5.4条）

（4）当钢丝束两端均采用镦头锚具时，同一束中各根钢丝长度的极差不应大于钢丝长度的1/5000，且不应大于5mm；当成组张拉长度不大于10m的钢丝时，同组钢丝长度的极差不得大于2mm。（《装标》第9.5.4条）

（5）预应力筋的安装、定位和保护层厚度应符合设计要求。（《装标》第9.5.5条）

（6）预应力筋张拉设备及压力表应配套标定和使用，标定期限不应超过半年；当使用过程中出现反常现象或张拉设备检修后，应重新标定。（《装标》第9.5.6条）

（7）预应力筋的张拉控制应力应符合设计及专项方案的要求。（《装标》第9.5.7条）

（8）采用应力控制方法张拉时，最大张拉力下预应力筋实测伸长值与计算伸长值的偏差应控制在 ±6% 之内。（《装标》第9.5.8条）

（9）预应力筋的张拉应符合设计要求，并应符合下列规定：（《装标》第9.5.9条）

1）宜采用多根预应力筋整体张拉；单根张拉时应采取对称和分级方式，按照校准的张拉力控制张拉精度，以预应力筋的伸长值作为校核。

2）对预制屋架等平卧叠浇构件，应从上而下逐榀张拉。

3）预应力筋张拉时，应从零拉力加载至初拉力后，量测伸长值初读数，再以均匀速率加载至张拉控制力。

4）预应力筋张拉锚固后，应对实际建立的预应力值与设计给定值的偏差进行控制；应以每工作班为一批，抽查预应力筋总数的1%，且不少于3根。

（10）预应力筋放张时，混凝土强度应符合设计要求，且同条件养护的混凝土立方体抗压强度不应低于设计混凝土强度等级值的75%；采用消除应力钢丝或钢绞线作为预应力筋的先张法构件，尚不应低于30MPa。（《装标》第9.5.10条）

6. 预制构件成型、养护及脱模的规定

（1）浇筑混凝土前应进行钢筋、预应力的隐蔽工程检查。隐蔽工程检查项目应包括以下几方面内容：（《装标》第9.6.1条）

1）钢筋的牌号、规格、数量、位置和间距。

2）纵向受力钢筋的连接方式、接头位置、接头质量、接头面积百分率、搭接长度、锚固方式及锚固长度。

3）箍筋弯钩的弯折角度及平直段长度。

4）钢筋的混凝土保护层厚度。

5）预埋件、吊环、插筋、灌浆套筒、预留孔洞、金属波纹管的规格、数量、位置及固定措施。

6）预埋线盒和管线的规格、数量、位置及固定措施。

7）夹芯外墙板的保温层位置和厚度，拉结件的规格、数量和位置。

8）预应力筋及其锚具、连接器和锚垫板的品种、规格、数量、位置。

9）预留孔道的规格、数量、位置，灌浆孔、排气孔、锚固区局部加强构造。

（2）混凝土应采用有自动计量装置的强制式搅拌机搅

拌，并具有生产数据逐盘记录和实时查询功能。混凝土应按照混凝土配合比通知单进行生产，原材料每盘称量的允许偏差应符合表3-8的规定。（《装标》第9.6.3条）

表3-8　混凝土原材料每盘称量的允许偏差　（《装标》表9.6.3）

项　次	材料名称	允许偏差
1	胶凝材料	±2%
2	粗、细骨料	±3%
3	水、外加剂	±1%

（3）混凝土应进行抗压强度检验，混凝土检验试件应在浇筑地点取样制作，每拌制100盘且不超过100m³时的同一配合比混凝土或每工作班拌制的同一配合比的混凝土不足100盘为一批，每批制作强度检验试块不少于3组、随机抽取1组进行同条件标准养护后进行强度检验，其余作为同条件试件在预制构件脱模和出厂时控制其混凝土强度。（《装标》第9.6.4条）

（4）蒸汽养护的预制构件，其强度评定混凝土试块应随同预制构件蒸养后，再转入标准条件养护。构件脱模起吊、预应力张拉或放张的混凝土同条件试块，其养护条件应与构件生产中采用的养护条件相同。（《装标》第9.6.4条）

（5）除设计有要求外，预制构件出厂时的混凝土强度不宜低于设计混凝土强度等级值的75%。（《装标》第9.6.4条）

（6）带面砖或石材饰面的预制构件宜采用反打一次成型工艺制作。（《装标》第9.6.5条）

（7）带保温材料的预制构件宜采用水平浇筑方式成型，在上层混凝土浇筑完成之前，下层混凝土不得初凝。（《装标》第9.6.6条）

（8）混凝土浇筑应符合下列规定：（《装标》第 9.6.7 条）

1）混凝土浇筑前，预埋件及预留钢筋的外露部分宜采取防止污染的措施。

2）混凝土浇筑应连续进行，混凝土从出机到浇筑完毕的延续时间，气温高于 25℃时不宜超过 60min，气温不高于 20℃时不宜超过 90min。

（9）混凝土宜采用机械振捣方式成型，当采用振捣棒时，混凝土振捣过程中不应碰触钢筋骨架、面砖和预埋件。（《装标》第 9.6.8 条）

（10）预制构件粗糙面成型可采用模板面预涂缓凝剂工艺，脱模后采用高压水冲洗露出骨料；叠合面粗糙面可在混凝土初凝前进行拉毛处理。（《装标》第 9.6.9 条）

（11）预制构件养护应符合下列规定：（《装标》第 9.6.10 条）

1）混凝土浇筑完毕或压面工序完成后应及时覆盖保湿，脱模前不得揭开。

2）加热养护可选择蒸汽加热、电加热或模具加热等方式，加热养护宜采用自动温湿度控制装置，在常温下宜预养护 2 ~ 4h，升、降温速度不宜超过 20 ℃/h，最高养护温度不宜超过 70 ℃。预制构件脱模时的表面温度与环境温度的差值不宜超过 25℃。

3）夹芯保温外墙板最高养护温度不宜大于 60℃。

（12）预制构件脱模起吊时的混凝土强度应符合设计要求，且不宜小于 15MPa。（《装标》第 9.6.11 条）

（13）预制构件吊运吊索水平夹角不宜小于 60°，不应小于 45°，吊运过程中，应保持稳定，不得偏斜、摇摆和扭转，严禁吊装构件长时间悬停在空中。（《装标》第 9.8.1 条）

（14）吊装大型构件、薄壁构件或形状复杂的构件时，应使用分配梁或分配桁架类吊具，并应采取避免构件变形和损伤的临时加固措施。（《装标》第9.8.1条）

7. 预制构件检验的规定

（1）预制构件生产时应采取措施避免出现外观质量缺陷。外观质量缺陷根据其影响结构性能、安装和使用功能的严重程度，可按表3-9规定划分为严重缺陷和一般缺陷（《装标》第9.7.1条）。

表3-9　构件外观质量缺陷分类（《装标》表9.7.1）

名称	现象	严重缺陷	一般缺陷
露筋	构件内钢筋未被混凝土包裹而外露	纵向受力钢筋有露筋	其他钢筋有少量露筋
蜂窝	混凝土表面缺少水泥砂浆而形成石子外露	构件主要受力部位有蜂窝	其他部位有少量蜂窝
孔洞	混凝土中孔穴深度和长度均超过保护层厚度	构件主要受力部位有孔洞	其他部位有少量孔洞
夹渣	混凝土中央有杂物且深度超过保护层厚度	构件主要受力部位有夹渣	其他部位有少量夹渣
疏松	混凝土中局部不密实	构件主要受力部位有疏松	其他部位有少量疏松

名称	现象	严重缺陷	一般缺陷
裂缝	裂缝从混凝土表面延伸至混凝土内部	构件主要受力部位有影响结构性能或使用功能的裂缝	其他部位有少量不影响结构性能或使用功能的裂缝
连接部位缺陷	构件连接处混凝土有缺陷及连接钢筋、连接件松动	连接部位有影响结构传力性能的缺陷	连接部位有基本不影响结构传力性能的缺陷
外形缺陷	缺棱掉角、棱角不直、翘曲不平、飞边凸肋等	清水混凝土构件有影响使用功能或装饰效果的外形缺陷	其他混凝土构件有不影响使用功能的外形缺陷
外表缺陷	构件表面麻面、掉皮、起砂、沾污等	具有重要装饰效果的清水混凝土构件有外表缺陷	其他混凝土构件有不影响使用功能的外表缺陷

（2）预制构件尺寸偏差及预留孔、预留洞、预埋件、预留插筋、键槽的位置和检验方法应符合表 3-10 ~ 表 3-13 的规定。预制构件有粗糙面时，与预制构件粗糙面相关的尺寸允许偏差可放宽 1.5 倍。（《装标》第 9.7.4 条）

表 3-10　预制楼板类构件外形尺寸允许偏差及检验方法
（《装标》表 9.7.4-1）

项次	检查项目			允许偏差 /mm	检验方法
1	规格尺寸	长度	<12m	±5	用尺量两端及中间部，取其中偏差绝对值较大值
			≥12m且 <18m	±10	
			≥18m	±20	
2		宽度		±5	用尺量两端及中间部，取其中偏差绝对值较大值
3		厚度		±5	用尺量板四角和四边中部位置共8处，取其中偏差绝对值较大值
4	外形	对角线差		6	在构件表面，用尺量测两对角线的长度，取其绝对值的差值
5		表面平整度	内表面	4	用2m靠尺安放在构件表面上，用楔形塞尺量测靠尺与表面之间的最大缝隙
			外表面	3	
6		楼板侧向弯曲		L/750且 ≤20mm	拉线，钢尺量最大弯曲处
7		扭翘		L/750	四对角拉两条线，量测两线交点之间的距离，其值的2倍为扭翘值

项次	检查项目			允许偏差/mm	检验方法
8	预埋部件	预埋钢板	中心线位置偏差	5	用尺量测纵横两个方向的中心线位置，取其中较大值
			平面高差	0，−5	用尺紧靠在预埋件上，用楔形塞尺量测预埋件平面与混凝土面的最大缝隙
9		预埋螺栓	中心线位置偏移	2	用尺量测纵横两个方向的中心线位置，取其中较大值
			外露长度	10，−5	用尺量
10		预埋线盒、电盒	在构件平面的水平方向中心位置偏差	10	用尺量
			与构件表面混凝土高差	0，−5	用尺量
11	预留孔		中心线位置偏移	5	用尺量测纵横两个方向的中心线位置，取其中较大值
			孔尺寸	±5	用尺量测纵横两个方向尺寸，取其最大值

项次	检查项目		允许偏差 /mm	检验方法
12	预留洞	中心线位置偏移	5	用尺量测纵横两个方向的中心线位置，取其中较大值
		洞口尺寸、深度	±5	用尺量测纵横两个方向尺寸，取其最大值
13	预留插筋	中心线位置偏移	3	用尺量测纵横两个方向的中心线位置，取其中较大值
		外露长度	±5	用尺量
14	吊环、木砖	中心线位置偏移	10	用尺量测纵横两个方向的中心线位置，取其中较大值
		留出高度	0，－10	用尺量
15	桁架钢筋高度		5，0	用尺量

表 3-11　预制墙板类构件外形尺寸允许偏差及检验方法
（《装标》表 9.7.4-2）

项次	检查项目		允许偏差 /mm	检验方法
1	规格尺寸	高度	±4	用尺量两端及中间部，取其中偏差绝对值较大值

项次	检查项目			允许偏差 /mm	检验方法
2	规格尺寸	宽度		±4	用尺量两端及中间部，取其中偏差绝对值较大值
3		厚度		±3	用尺量板四角和四边中部位置共 8 处，取其中偏差绝对值较大值
4	对角线差			5	在构件表面，用尺量测两对角线的长度，取其绝对值的差值
5	外形	表面平整度	内表面	4	用2m靠尺安放在构件表面上，用楔形塞尺量测靠尺与表面之间的最大缝隙
			外表面	3	
6		楼板侧向弯曲		$L/1000$ 且 ≤20mm	拉线，钢尺量最大弯曲处
7		扭翘		$L/1000$	四对角拉两条线，量测两线交点之间的距离，其值的 2 倍为扭翘值

项次	检查项目			允许偏差 /mm	检验方法
8	预埋部件	预埋钢板	中心线位置偏移	5	用尺量测纵横两个方向的中心线位置，取其中较大值
			平面高差	0，-5	用尺紧靠在预埋件上，用楔形塞尺量测预埋件平面与混凝土面的最大缝隙
9		预埋螺栓	中心线位置偏移	2	用尺量测纵横两个方向的中心线位置，取其中较大值
			外露长度	10，-5	用尺量
10		预埋套筒、螺母	中心线位置偏移	2	用尺量测纵横两个方向的中心线位置，取其中较大值
			平面高差	0，-5	用尺紧靠在预埋件上，用楔形塞尺量测预埋件平面与混凝土面的最大缝隙
11	预留孔	中心线位置偏移		5	用尺量测纵横两个方向的中心线位置，取其中较大值
		孔尺寸		±5	用尺量测纵横两个方向尺寸，取其最大值

项次	检查项目		允许偏差 /mm	检验方法
12	预留洞	中心线位置偏移	5	用尺量测纵横两个方向的中心线位置，取其中较大值
		洞口尺寸、深度	±5	用尺量测纵横两个方向尺寸，取其最大值
13	预留插筋	中心线位置偏移	3	用尺量测纵横两个方向的中心线位置，取其中较大值
		外露长度	±5	用尺量
14	吊环、木砖	中心线位置偏移	10	用尺量测纵横两个方向的中心线位置，取其中较大值
		留出高度	0，-10	用尺量
15	键槽	中心线位置偏移	5	用尺量测纵横两个方向的中心线位置，取其中较大值
		洞口尺寸、深度	±5	用尺量
		深度	±5	用尺量
16	灌浆套筒及连接钢筋	灌浆套筒中心线位置	2	用尺量测纵横两个方向的中心线位置，取其中较大值
		连接钢筋中心线位置	2	用尺量测纵横两个方向的中心线位置，取其中较大值
		连接钢筋外露长度	10，0	用尺量

表 3-12　预制梁柱桁架类构件外形尺寸允许偏差及检验方法
(《装标》表 9.7.4-3)

项次	检查项目			允许偏差 /mm	检验方法
1	规格尺寸	长度	<12m	±5	用尺量两端及中间部，取其中偏差绝对值较大值
			≥12m 且 <18m	±10	
			≥18m	±20	
2		宽度		±5	用尺量两端及中间部，取其中偏差绝对值较大值
3		厚度		±5	用尺量板四角和四边中部位置共 8 处，取其中偏差绝对值较大值
4	表面平整度			4	用 2m 靠尺安放在构件表面上，用楔形塞尺量测靠尺与表面之间的最大缝隙
5	侧向弯曲	梁柱		L/750 且 ≤20mm	拉线，钢尺量最大弯曲处
		桁架		L/1000 且 ≤20mm	

项次	检查项目			允许偏差/mm	检验方法
6	预埋部件	预埋钢板	中心线位置偏移	5	用尺量测纵横两个方向的中心线位置，取其中较大值
			平面高差	0，−5	用尺紧靠在预埋件上，用楔形塞尺量测预埋件平面与混凝土面的最大缝隙
7		预埋螺栓	中心线位置偏移	2	用尺量测纵横两个方向的中心线位置，取其中较大值
			外露长度	10，−5	用尺量
8	预留孔		中心线位置偏移	5	用尺量测纵横两个方向的中心线位置，取其中较大值
			孔尺寸	±5	用尺量测纵横两个方向尺寸，取其中最大值
9	预留洞		中心线位置偏移	5	用尺量测纵横两个方向的中心线位置，取其中较大值
			洞口尺寸、深度	±5	用尺量测纵横两个方向尺寸，取其最大值

项次	检查项目		允许偏差 /mm	检验方法
10	预留插筋	中心线位置偏移	3	用尺量测纵横两个方向的中心线位置，取其中较大值
		外露长度	±5	用尺量
11	吊环	中心线位置偏移	10	用尺量测纵横两个方向的中心线位置，取其中较大值
		留出高度	0，-10	用尺量
12	键槽	中心线位置偏移	5	用尺量测纵横两个方向的中心线位置，取其中较大值
		洞口尺寸、深度	±5	用尺量
		深度	±5	用尺量
13	灌浆套筒及连接钢筋	灌浆套筒中心线位置	2	用尺量测纵横两个方向的中心线位置，取其中较大值
		连接钢筋中心线位置	2	用尺量测纵横两个方向的中心线位置，取其中较大值
		连接钢筋外露长度	10，0	用尺量测

表 3-13 装饰构件外观尺寸允许偏差及检验方法
(《装标》表 9.7.4-4)

项次	装饰种类	检查项目	允许偏差 /mm	检验方法
1	通用	表面平整度	2	2m靠尺或塞尺检查
2		阳角方正	2	用托线板检查
3	面砖、石材	上口平直	2	拉通线用钢尺检查
4		接缝平直	3	用钢尺或塞尺检查
5		接缝深度	±5	用钢尺或塞尺检查
6		接缝宽度	±2	用钢尺检查

（3）预制构件采用钢筋套筒灌浆连接时，在构件生产前应检查套筒型式检验报告是否合格，应进行钢筋套筒灌浆连接接头的抗拉强度试验，并应符合现行行业标准《钢筋套筒灌浆连接应用技术规程》JGJ 355 的有关规定。（《装标》第9.7.8条）

（4）夹芯外墙板的内外叶墙板之间的拉结件类别、数量、使用位置及性能应符合设计要求。夹芯保温外墙板用的保温材料类别、厚度、位置及性能应满足设计要求。（《装标》第9.7.9条和第9.7.10条）

8. 预制构件存放的规定

（1）预制构件存放场地应平整、坚实，并应有排水措施；存放库区宜实行分区管理和信息化台账管理。（《装标》第9.8.2条）

（2）预制构件存放应满足下列要求：（《装标》第9.8.2条）

1）应按照产品品种、规格型号、检验状态分类存放，产品标识应明确、耐久，预埋吊件应朝上，标识应向外。

2）应合理设置垫块支点位置，确保预制构件存放稳定，支点宜与起吊点位置一致，预制构件多层叠放时，每层构件间的垫块应上下对齐。

3）与清水混凝土面接触的垫块应采取防污染措施。

(3) 预制构件成品保护应符合下列规定：(《装标》第9.8.3条)

1）预制构件成品外露保温板应采取防止开裂措施，外露钢筋应采取防弯折措施，外露预埋件和拉结件等外露金属件应按不同环境类别进行防护或防腐、防锈。

2）宜采取保证吊装前预埋螺栓孔清洁的措施。

3）钢筋连接套筒、预埋孔洞应采取防止堵塞的临时封堵措施。

9. 预制构件运输的规定（《装标》第9.8.4条）

(1) 预制构件在运输过程中应设置柔性垫片避免预制构件边角部位或链索接触处的混凝土损伤。

(2) 带外饰面的构件，用塑料薄膜包裹垫块避免预制构件外观污染。

(3) 墙板门窗框、装饰表面和棱角采用塑料贴膜或其他措施防护。

(4) 采用靠放架立式运输时，构件与地面倾斜角度宜大于80°，构件应对称靠放，每侧不大于2层，构件层间上部采用木垫块隔离。

(5) 采用插放架直立运输时，应采取防止构件倾倒措施，构件之间应设置隔离垫块。

(6) 水平运输时，预制梁、柱构件叠放不宜超过3层，板类构件叠放不宜超过6层。

3.2.2 《混凝土结构工程施工质量验收规范》（GB 50204—2015）（本章简称《验收规范》）

《验收规范》的第 9 部分装配式结构分项工程，对装配式混凝土预制构件的质量验收的规定如下：

（1）装配式混凝土预制构件浇筑混凝土之前，应进行隐蔽工程验收。（《验收规范》第 9.1.1 条）

（2）专业企业生产的预制构件进场时，预制构件结构性能检验应符合下列规定。（《验收规范》第 9.2.2 条）

1）梁板类简支受弯预制构件进场时应进行结构性能检验，并应符合下列规定：

①结构性能检验应符合国家现行相关标准的有关规定及设计的要求。

②钢筋混凝土构件和允许出现裂缝的预应力混凝土构件应进行承载力、挠度和裂缝宽度检验；不允许出现裂缝的预应力混凝土构件应进行承载力、挠度和抗裂检验。

③对大型构件及有可靠应用经验的构件，可只进行裂缝宽度、抗裂和挠度检验。

④对使用数量较少的构件，当能提供可靠依据时，可不进行结构性能检验。

2）对其他预制构件，除设计有专门要求外，进场时可不做结构性能检验。

3）对进场时不做结构性能检验的预制构件，应采取下列措施：

①施工单位或监理单位代表应驻厂监督制作过程。

②当无驻厂监督时，预制构件进场时应对预制构件主要受力钢筋数量、规格、间距及混凝土强度等进行实体检验。

检验数量：同一类型预制构件不超过 1000 个为一批，每批随机抽取 1 个构件进行结构性能检验。

检验方法：检查结构性能检验报告或实体检验报告。

需要注意的是，"同一类型"是指同一钢种、同一混凝土强度等级、同一生产工艺和同一结构形式。抽取预制构件时，宜从设计荷载最大、受力最不利或生产数量最多的预制构件中抽取。

（3）预制构件的外观质量不应有严重缺陷，且不应有影响结构性能和安装、使用功能的尺寸偏差。（《验收规范》第9.2.3条）

（4）预制构件上的预埋件、预留插筋、预埋管线等的材料质量、规格和数量以及预留孔、预留洞的数量应符合设计要求。（《验收规范》第9.2.4条）

（5）预制构件应有标识。（《验收规范》第9.2.5条）

（6）预制构件的外观质量不应有一般缺陷。（《验收规范》第9.2.6条）

（7）关于预制构件的尺寸偏差及检验方法，《验收规范》表9.2.7与《装标》表9.7.4-1~表9.7.4-4相比没有分类，较为宽松，实际执行中宜参照《装标》中的内容，参见本书表3-10~表3-13。

3.2.3 《装配式混凝土结构技术规程》（JGJ 1—2014）（《装规》）

《装规》第11部分构件制作与运输中，对装配式混凝土预制构件的制作进行了相关规定，具体如下：

1. 《装规》中的强制性条文

预制结构构件采用钢筋套筒灌浆连接时，应在构件生产

前进行钢筋套筒灌浆连接接头的抗拉强度试验，每种规格的连接接头试件数量不应少于3个。（《装规》第11.1.4条）

条文说明：此条为强制性条文。预制构件的连接技术是《装规》关键技术。其中，钢筋套筒灌浆连接接头技术是《装规》推荐采用的主要钢筋接头连接技术，也是保证各种装配整体式混凝土结构整体性的基础。必须制定质量控制措施，通过设计、产品选用、构件制作、施工验收等环节加强质量管理，确保其连接质量可靠。

预制构件生产前，要求对钢筋套筒进行检验，检验内容除了外观质量、尺寸偏差、出厂提供的材质报告、接头型式检验报告等，还应按要求制作钢筋套筒灌浆连接接头试件进行验证性试验。钢筋套筒验证性试验可按随机抽样方法抽取工程使用的同牌号、同规格钢筋，并采用工程使用的灌浆料制作3个钢筋套筒灌浆连接接头试件，如采用半套筒连接方式则应制作成钢筋机械连接和套筒灌浆连接组合接头试件，标准养护28d后进行抗拉强度试验，试验合格后方可使用。

整个《装规》中，只有这一个强制性条文，是监理工作的重中之重，应当充分重视。

2. 《装规》中的一般性条文

（1）预制构件制作单位应具备相应的生产工艺设施，并具有完善的质量管理体系和必要的试验检测手段。（《装规》第11.1.1条）

（2）预制构件制作前，应对其技术要求和质量标准进行技术交底，并应制定生产方案；生产方案应包括生产工艺、模具方案、生产计划、技术质量控制措施、成品保护、堆放及运输方案等内容。（《装规》第11.1.2条）

（3）预制构件制作前，对带饰面砖或饰面板的构件，应

绘制排砖图或排板图；对夹芯外墙板，应绘制内外叶墙板的拉结件布置图及保温板排板图。（《装规》第11.2.1条）

（4）在混凝土浇筑前应进行预制构件的隐蔽工程检查，检查项目应包括下列内容：（《装规》第11.3.1条）

1）钢筋的牌号、规格、数量、位置、间距等。

2）纵向受力钢筋的连接方式、接头位置、接头质量、接头面积百分率、搭接长度等。

3）箍筋、横向钢筋的牌号、规格、数量、位置、间距，箍筋弯钩的弯折角度及平直段长度。

4）预埋件、吊环、插筋的规格、数量、位置等。

5）灌浆套筒、预留孔洞的规格、数量、位置等。

6）钢筋的混凝土保护层厚度。

7）夹芯外墙板的保温层位置、厚度，拉结件的规格、数量、位置等。

8）预埋管线、线盒的规格、数量、位置及固定措施。

（5）带面砖或石材饰面的预制构件宜采用反打一次成型工艺制作，并应符合下列要求：（《装规》第11.3.2条）

1）当构件饰面层采用面砖时，在模具中铺设面砖前，应根据排砖图的要求进行配砖和加工；饰面砖应采用背面带有燕尾槽或粘结性能可靠的产品。

2）当构件饰面层采用石材时，在模具中铺设石材前，应根据排板图的要求进行配板和加工；应按设计要求在石材背面钻孔、安装不锈钢卡钩、涂覆隔离层。

3）应采用具有抗裂性和柔韧性、收缩小且不污染饰面的材料嵌填面砖或石材之间的接缝，并应采取防止面砖或石材在安装钢筋、浇筑混凝土等生产过程中发生位移的措施。

（6）夹芯外墙板宜采用平模工艺生产，生产时应先浇筑外叶墙板混凝土层，再安装保温材料和拉结件，最后浇筑内叶墙板混凝土层；当采用立模工艺生产时，应同步浇筑内外叶墙板混凝土层，并应采取保证保温材料及拉结件位置准确的措施（《装规》第 11.3.3 条）。

夹芯外墙板生产时应采取措施固定保温材料，确保拉结件的位置和间距满足设计要求。（《装规》第 11.3.3 条）

（7）应根据混凝土的品种、工作性、预制构件的规格形状等因素，制定合理的振捣成型操作规程。混凝土应采用强制式搅拌机搅拌，并宜采用机械振捣（《装规》第 11.3.4 条）。

（8）预制构件采用洒水、覆盖等方式进行常温养护时，应符合现行国家标准《混凝土结构工程施工规范》GB 50666 的要求。预制构件采用加热养护时，应制定养护制度对静停、升温、恒温和降温时间进行控制，宜在常温下静停 2 ~ 6h，升温、降温速度不应超过 20℃/h，最高养护温度不宜超过 70℃，预制构件出池的表面温度与环境温度的差值不宜超过 25℃。（《装规》第 11.3.5 条）

（9）脱模起吊时，预制构件的混凝土立方体抗压强度应满足设计要求，且不应小于 $15N/mm^2$。（《装规》第 11.3.6 条）

（10）采用后浇混凝土或砂浆、灌浆料连接的预制构件结合面，制作时应按设计要求进行粗糙面处理。设计无具体要求时，可采用化学处理、拉毛或凿毛等方法制作粗糙面。（《装规》第 11.3.7 条）

（11）夹芯外墙板的内外叶墙板之间的拉结件类别、数量及使用位置应符合设计要求。（《装规》第 11.4.5 条）

（12）应制定预制构件的运输与堆放方案，其内容应包括运输时间、次序、堆放场地、运输线路、固定要求、堆放支垫及成品保护措施等。对于超高、超宽、形状特殊的大型

构件的运输和堆放应有专门的质量安全保证措施。(《装规》第 11.5.1 条)

(13) 预制构件的运输车辆应满足构件尺寸和载重要求，装卸与运输时应符合下列规定：(《装规》第 11.5.2 条)

1) 装卸构件时，应采取保证车体平衡的措施。

2) 运输构件时，应采取防止构件移动、倾倒、变形等的固定措施。

3) 运输构件时，应采取防止构件损坏的措施，对构件边角部或链索接触处的混凝土，宜设置保护衬垫。

(14) 预制构件堆放应符合下列规定：(《装规》第 11.5.3 条)

1) 堆放场地应平整、坚实，并应有排水措施。

2) 预埋吊件应朝上，标识宜朝向堆垛间的通道。

3) 构件支垫应坚实，垫块在构件下的位置宜与脱模、吊装时的起吊位置一致。

4) 重叠堆放构件时，每层构件间的垫块应上下对齐，堆垛层数应根据构件、垫块的承载力确定，并应根据需要采取防止堆垛倾覆的措施。

5) 堆放预应力构件时，应根据构件起拱值的大小和堆放时间采取相应措施。

(15) 墙板的运输与堆放应符合下列规定(《装规》第 11.5.4 条)：

1) 当采用靠放架堆放或运输构件时，靠放架应具有足够的承载力和刚度，与地面倾斜角度宜大于 80°；墙板宜对称靠放且外饰面朝外，构件上部宜采用木垫块隔离；运输时构件应采取固定措施。

2) 当采用插放架直立堆放或运输构件时，宜采取直立运输方式；插放架应有足够的承载力和刚度，并应支垫稳固。

3）采用叠层平放的方式堆放或运输构件时，应采取防止构件产生裂缝的措施。

3.2.4 《钢筋套筒灌浆连接应用技术规程》（JGJ 355—2015）（本章简称《套筒灌浆连接》）

钢筋套筒灌浆连接是装配式建筑主体结构连接的主要方式，《套筒灌浆连接》中对于预制构件制作中钢筋套筒灌浆连接接头施工的要求如下。

1. 强制性条文

（1）钢筋套筒灌浆连接接头的抗拉强度不应小于连接钢筋抗拉强度标准值，且破坏时应断于接头外钢筋。（《套筒灌浆连接》第 3.2.2 条）

（2）灌浆套筒进厂（场）时，应抽取灌浆套筒并采用与之匹配的灌浆料制作对中连接接头试件，并进行抗拉强度检验，检验结果均应符合《套筒灌浆连接》第 3.2.2 条的有关规定。（《套筒灌浆连接》第 7.0.6 条）

检查数量：同一批号、同一类型、同一规格的灌浆套筒，不超过 1000 个为一批，每批随机抽取 3 个灌浆套筒制作对中连接接头试件。

检验方法：检查质量证明文件和抽样检验报告。

2. 一般性条文

（1）预制构件钢筋及灌浆套筒的安装应符合下列规定：（《套筒灌浆连接》第 6.2.1 条）

1）连接钢筋与全灌浆套筒安装时，应逐根插入灌浆套筒内，插入深度应满足设计锚固深度要求。

2）钢筋安装时，应将其固定在模具上，灌浆套筒与柱底、墙底模板应垂直，应采用橡胶环、螺杆等固定件避免混凝土浇筑、振捣时灌浆套筒和连接钢筋移位。

3）与灌浆套筒连接的灌浆管、出浆管应定位准确、安装稳固。

4）应采取防止混凝土浇筑时向灌浆套筒内漏浆的封堵措施。

（2）对于半灌浆套筒连接，机械连接端的钢筋丝头加工、连接安装、质量检查应符合现行行业标准《钢筋机械连接技术规程》JGJ 107 的有关规定。（《套筒灌浆连接》第6.2.2条）

（3）浇筑混凝土之前，应进行钢筋隐蔽工程检查。隐蔽工程检查应包括下列内容：（《套筒灌浆连接》第6.2.3条）

1）纵向受力钢筋的牌号、规格、数量、位置。

2）灌浆套筒的型号、数量、位置及灌浆孔、出浆孔、排气孔的位置。

3）钢筋的连接方式、接头位置、接头质量、接头面积百分率、搭接长度、锚固方式及锚固长度。

4）箍筋、横向钢筋的牌号、规格、数量、间距、位置，箍筋弯钩的弯折角度及平直段长度。

5）预埋件的规格、数量和位置。

（4）预制构件拆模后，灌浆套筒的位置及外露钢筋位置、长度偏差应符合规程表6.2.4的规定（表3-14）。（《套筒灌浆连接》第6.2.4条）

（5）预制构件制作及运输过程中，应对外露钢筋、灌浆套筒分别采取包裹、封盖措施。（《套筒灌浆连接》第6.2.5条）

（6）预制构件出厂前，应对灌浆套筒的灌浆孔和出浆孔进行透光检查，并清理灌浆套筒内的杂物。（《套筒灌浆连接》第6.2.6条）

表 3-14 预制构件灌浆套筒和外露钢筋的允许偏差及检验方法
（《套筒灌浆连接》表 6.2.4）

项目		允许偏差/mm	检查方法
灌浆套筒中心位置		2 0	
外漏钢筋	中心位置	2 0	尺量
	外露长度	10 0	

3.3 现场监理环节主要依据的规范条文

3.3.1 《装配式混凝土结构建筑技术标准》（GB/T 51231—2016）（《装标》）

《装标》第 10 部分施工安装和第 11 部分质量验收对装配式混凝土建筑的施工安装进行了细致的规定，具体如下。

1. 施工安装的一般规定

（1）装配式混凝土建筑，应协同建筑、结构、机电、装饰装修等专业要求，制定施工组织设计。（《装标》第 10.1.1 条）

（2）施工单位应根据建筑工程特点配置组织机构和人员。作业人员必须具备岗位需要的基础知识和技能，施工单位对管理人员、施工作业人员进行质量安全技术交底。（《装标》第 10.1.2 条）

（3）装配式混凝土建筑施工宜采用工具化、标准化的工装系统。宜采用信息模型技术对施工全过程及关键工艺进行信息化模拟。（《装标》第 10.1.3 条）

（4）装配式混凝土建筑施工前，宜选择有代表性的单元

进行预制构件试安装，并应根据试安装结果及时调整施工工艺，完善施工方案。(《装标》第10.1.5条)

（5）装配式混凝土建筑施工中采用的新技术、新工艺、新材料、新设备，应按有关规定进行评审、备案。施工前，应对新的或首次采用的施工工艺进行评价，并制定专门的施工方案。(《装标》第10.1.6条)

（6）装配式混凝土建筑施工过程中应采取安全措施，并应符合国家现行有关标准的规定。(《装标》第10.1.7条)

2. 施工安装的准备工作

（1）装配式混凝土结构施工应制定专项方案。专项施工方案宜包括工程概况、编制依据、进度计划、施工场地布置、预制构件运输与存放、安装与连接施工、绿色施工、安全管理、质量管理、信息化管理、应急预案等内容。(《装标》第10.2.1条)

（2）安装用材料及配件等，应符合国家现行有关标准及产品应用技术手册规定，并应按照国家现行相关标准的规定进行进场验收。(《装标》第10.2.2条)

（3）施工现场应根据施工平面规划设置满足构件运输、构件存放、施工作业的施工道路及场地。(《装标》第10.2.3条)

（4）安装施工前，应进行测量放线，设置构件安装定位标识。(《装标》第10.2.4条)

（5）安装施工前，应核对已施工完成结构、基础的外观质量和尺寸偏差，确认混凝土强度和预留预埋件符合设计要求，并应核对预制构件的混凝土强度及预制构件和配件的型号、规格、数量等符合设计要求。(《装标》第10.2.5条)

（6）安装施工前，应复核吊装设备的吊装能力，准备并确认与拟安装构件吊点相匹配的合格吊具，复核大型构件、

薄壁构件或形状复杂的构件所使用的分配梁桁架类吊具。（《装标》第10.2.6条）

3. 预制构件安装

（1）根据当天作业内容进行班前技术安全交底，吊装时严格按照计划编号顺序起吊，吊索水平夹角不宜小于60°，不应小于45°，宜设置缆风绳控制构件转动，吊运过程中宜采用慢起、稳升、缓放的操作方式，不得偏斜、摇摆和扭转，严禁构件长时间悬停在空中。（《装标》第10.3.1条）

（2）预制构件吊装就位后，应及时校准并采取临时固定措施。预制墙板、柱等竖向构件应对安装位置、安装标高、垂直度进行校核与调整，叠合构件、预制梁等水平构件应对安装位置、安装标高、平整度、高低差、拼缝尺寸进行校核与调整。临时固定措施、临时支撑系统应具有足够的强度、刚度和整体稳定性。（《装标》第10.3.2条）

（3）预制构件与吊具的分离应在校准定位及临时支撑安装完成后进行。（《装标》第10.3.3条）

（4）竖向预制构件的临时支撑不宜少于2道，构件上部斜支撑的支撑点距板底的距离不宜小于构件高度的2/3，且不应小于构件的1/2，斜支撑应与构件可靠连接，构件安装就位后可通过临时支撑对构件的位置和垂直度进行微调。（《装标》第10.3.4条）

（5）水平预制构件安装采用临时支撑时，首层地基应平整坚实，宜采取硬化措施。临时支撑的间距及其与墙、柱、梁边的净距应经设计计算确定，竖向连续支撑层数不宜少于2层且上下层支撑宜对准，叠合板预制底板下部支架宜选用定型独立钢支柱，竖向支撑间距应经计算确定。（《装标》第10.3.5条）

（6）预制柱宜按照角柱、边柱、中柱顺序进行安装，与现浇部分连接的柱宜先行吊装。预制柱的就位以轴线和外轮廓线为控制线。就位前应设置柱底调平装置，控制柱安装标高，就位后应在两个相邻的方向设置可调节临时固定措施，并进行垂直度、扭转度调整。采用灌浆套筒连接的预制柱调整就位后，柱脚连接部位宜采用不低于柱强度的砂浆并配合模板进行封堵。（《装标》第10.3.6条）

（7）预制剪力墙板安装，宜先吊装与现浇部分连接的墙板，然后按先外墙后内墙的顺序进行。墙板以轴线和轮廓线为控制线，外墙应以轴线和外轮廓线双控制。就位前在墙板底部设置调平装置。采用灌浆套筒或浆锚搭接连接的夹芯保温外墙板，应在保温材料部位采用弹性密封材料进行封堵，如墙板需要分仓灌浆时应采用满足设计要求的座浆料。安装就位后采用可调斜支撑调整固定。叠合墙板安装就位后进行叠合墙板拼缝处附加钢筋安装，附加钢筋应与现浇段钢筋交叉点全部绑扎牢固。（《装标》第10.3.7条）

（8）预制梁或叠合梁安装，宜遵循先主梁后次梁、先低后高的顺序原则。安装前测量并修正临时支撑标高、弹出梁边线控制线、复核柱钢筋与梁钢筋位置及尺寸，如梁柱钢筋有冲突应按设计单位确认的技术方案进行调整，具备条件后方进行吊装。安装时梁伸入支座的长度与搁置长度应符合设计要求，就位后对水平度、安装位置、标高进行检查。临时支撑在后浇混凝土达到设计强度后方可拆除。（《装标》第10.3.8条）

（9）叠合板预制底板吊装完成后应对板底接缝高差进行校核，未达到设计要求重新起吊。通过可调托座调节，安装后高差及水平接缝宽度均应满足设计要求。临时支撑应在后浇混

凝土强度达到设计强度后方可拆除。（《装标》第10.3.9条）

（10）预制楼梯安装前，应检查楼梯构件平面定位及标高，并宜设置调平装置，就位后应及时调整并固定。（《装标》第10.3.10条）。

（11）预制阳台板、空调板安装前，应检查支座顶面标高及支撑面的平整度，临时支撑应在后浇混凝土强度达到设计要求后方可拆除。（《装标》第10.3.11条）

4. 预制构件的连接

（1）采用钢筋套筒连接、钢筋浆锚搭接连接的预制构件施工，应检查被连接钢筋的规格、数量、位置和长度。当连接钢筋倾斜时，应进行校直；连接钢筋偏离套筒或孔洞中心线不宜超过3mm。连接钢筋中心位置存在严重偏差影响预制构件安装时，应会同设计单位制定专项处理方案，严禁随意切割、强行调整定位钢筋。现浇混凝土中伸出的钢筋应采用专用模具进行定位，并应采用可靠的固定措施控制连接钢筋的中心位置及外露长度满足设计要求。构件安装前应检查预制构件上套筒和预留孔的规格、位置、数量和深度；当套筒、预留孔内有杂物时，应清理干净。（《装标》第10.4.2条）

（2）钢筋机械连接的施工应符合现行行业标准《钢筋机械连接技术规程》JGJ-107的有关规定。（《装标》第10.4.3条）

（3）焊接或螺栓连接的施工应符合国家现行标准《钢结构焊接规范》GB 50661、《钢结构工程施工规范》GB 50755、《钢筋焊接及验收规程》JGJ 18的有关规定。采用焊接连接时，应采取避免损伤已施工完成的结构、预制构件及配件的措施。（《装标》第10.4.5条）

（4）装配式混凝土结构后浇混凝土部分的模板与支架宜采用工具式支架和定型模板，模板应保证后浇混凝土部分形

状、尺寸和位置准确，模板与预制构件接缝处应采取防止漏浆的措施，可粘贴密封条。(《装标》第10.4.7条)

(5) 装配式混凝土结构的后浇混凝土部位在浇筑前应按标准进行隐蔽工程验收。(《装标》第10.4.8条)

(6) 后浇混凝土施工前，应将预制构件结合面疏松部分的混凝土剔除并清理干净。预制梁、柱混凝土强度等级不同时，预制梁柱节点区混凝土强度等级应符合设计要求。混凝土浇筑应布料均衡，浇筑和振捣时应对模板及支架进行观察和维护，发生异常情况应及时处理。构件接缝混凝土浇筑和振捣应采取措施防止模板、相连接构件、钢筋、预埋件及其定位件移位。(《装标》第10.4.9条)

(7) 构件连接部位后浇混凝土及灌浆料的强度达到设计要求后，方可拆除临时支撑系统。(《装标》第10.4.10条)

(8) 外墙板接缝防水施工前，应将板缝空腔清理干净，并按设计要求填塞背衬材料，密封材料嵌填应饱满、密实、均匀、顺直、表面平滑，其厚度应满足设计要求。(《装标》第10.4.11条)

(9) 装配式混凝土结构的尺寸偏差及检验方法应符合表3-15的规定。(《装标》第10.4.12条)

表3-15　装配式混凝土结构的尺寸偏差及检验方法
(《装标》表10.4.12)

项　　目		允许偏差/mm	检验方法
构件中心线对轴线位置	基础	15	经纬仪及尺量
	竖向构件（柱、墙、桁架）	8	
	水平构件（梁、板）	5	

项 目			允许偏差/mm	检验方法
构件标高	梁、柱、墙、板底面或顶面		±5	水准仪或拉线、尺量
构件垂直度	柱、墙	≤6m	5	经纬仪或吊线、尺量
		>6m	10	
构件倾斜度	梁、桁架		5	经纬仪或吊线、尺量
相邻构件平整度	板端面		5	2m靠尺和塞尺量测
	梁、板底面	外露	3	
		不外露	5	
	柱墙侧面	外露	5	
		不外露	8	
构件搁置长度	梁、板		±10	尺量
支座、支垫中心位置	板、梁、柱、墙、桁架		10	尺量
墙板接缝	宽度		±5	尺量

5. 成品保护

（1）交叉作业时，应做好工序交接，不得对已完成工序的成品、半成品造成破坏。（《装标》第10.7.1条）

（2）在施工全过程中，应采取防止预制构件、部品及预制构件上的建筑附件、预埋件、预埋吊件等损伤或污染的保护措施。（《装标》第10.7.2条）

（3）预制构件饰面砖、石材、涂刷、门窗等处宜采用贴膜保护或其他专业材料保护。安装完成后，门窗框应采用槽

型木框保护。(《装标》第 10.7.3 条)

(4) 连接止水条、高低口、墙体转角等薄弱部位，应采用定型保护垫块或专用式套件作加强保护。(《装标》第 10.7.4 条)

(5) 预制楼梯饰面应采用铺设木板或其他覆盖形式的成品保护措施。楼梯安装后，踏步口宜铺设木条或其他覆盖形式保护。(《装标》第 10.7.5 条)

(6) 遇有大风、大雨、大雪等恶劣天气时，应采取有效措施对存放预制构件成品进行保护。(《装标》第 10.7.6 条)

(7) 预制构件和部品在安装施工过程中和施工完成后，不应受到施工机具碰撞。(《装标》第 10.7.7 条)

(8) 施工梯架、工程用的物料等不得支撑、顶压或斜靠在部品上。(《装标》第 10.7.8 条)

(9) 当进行混凝土地面等施工时，应防止物料污染、损坏预制构件和部品表面。(《装标》第 10.7.9 条)

6. 施工安全与环境保护

(1) 装配式混凝土建筑施工应执行国家、地方、行业和企业的安全生产法规和规章制度，落实各级各类人员的安全生产责任制。(《装标》第 10.8.1 条)

(2) 施工单位应根据工程施工特点对重大危险源进行分析并予以公示，制定相对应的安全生产应急预案。(《装标》第 10.8.2 条)

(3) 施工单位应对从事预制构件吊装作业及相关人员进行安全培训与交底，识别预制构件进场、卸车、存放、吊装、就位各环节的作业风险，并制定防控措施。(《装标》第 10.8.3 条)

(4) 安装作业开始前，应对安装作业区进行围护并做出

明显的标识，拉警戒线，根据危险源级别安排旁站，严禁与安装作业无关的人员进入。（《装标》第10.8.4条）

（5）施工作业使用的专用吊具、吊索、定型工具式支撑、支架等，应进行安全验算，使用中进行定期、不定期检查，确保其处于安全状态。（《装标》第10.8.5条）

（6）预制构件起吊后，应先将预制构件提升300mm左右后，停稳构件，检查钢丝绳、吊具和预制构件状态，确认吊具安全且构件平稳后，方可缓慢提升构件；吊机吊装区域内，非作业人员严禁进入；吊运预制构件时，构件下方严禁站人，应待预制构件降落至距地面1m以内方准作业人员靠近，就位固定后方可脱钩；高空应通过缆风绳改变预制构件方向，严禁高空直接用手扶预制构件；遇到雨、雪、雾天气，或者风力大于5级时，不得进行吊装作业。（《装标》第10.8.6条）

（7）夹芯保温外墙板后浇混凝土连接节点区域的钢筋连接施工时，不得采用焊接连接。（《装标》第10.8.7条）

（8）预制构件安装过程中废弃物等应进行分类回收。施工中产生的胶黏剂、稀释剂等易燃易爆废弃物应及时收集送至指定储存器内并按规定回收，严禁丢弃未经处理的废弃物。（《装标》第10.8.12条）

7. 预制构件安装与连接的质量验收

（1）钢筋采用套筒灌浆连接、浆锚搭接连接时，灌浆应饱满、密实，所有出口均应出浆。（《装标》第11.3.3条）

（2）钢筋套筒灌浆连接及浆锚搭接连接用的灌浆料强度应符合国家现行有关标准的规定及设计要求。（《装标》第11.3.4条）

（3）预制构件底部接缝座浆强度应满足设计要求。（《装标》第11.3.5条）

（4）钢筋采用机械连接时，其接头质量应符合现行行业

标准《钢筋机械连接技术规程》JGJ 107 的有关规定。(《装标》第11.3.6 条)

（5）钢筋采用焊接连接时，其焊缝的接头质量应满足设计要求，并应符合现行行业标准《钢筋焊接及验收规程》JGJ 18 的有关规定。(《装标》第11.3.7 条)

（6）预制构件采用型钢焊接连接时，型钢焊缝的接头质量应满足设计要求，并应符合现行国家标准《钢结构焊接规范》GB 50661 和《钢结构工程施工质量验收规范》GB 50205 的有关规定。(《装标》第11.3.8 条)

（7）预制构件采用螺栓连接时，螺栓的材质、规格、拧紧力矩应符合设计要求及现行国家标准《钢结构设计规范》GB 50017 和《钢结构工程施工质量验收规范》GB 50205 的有关规定。(《装标》第11.3.9 条)

（8）装配式结构分项工程的外观质量不应有严重缺陷，且不得有影响结构性能和使用功能的尺寸偏差。(《装标》第11.3.10 条)

（9）外墙板接缝的防水性能应符合设计要求。(《装标》第11.3.11 条)

（10）装配式结构分项工程的施工尺寸偏差及检验方法应符合设计要求；当设计无要求时，应符合《装标》表10.4.12 的规定。(《装标》第11.3.12 条)

（11）装配式混凝土建筑的饰面外观质量应符合设计要求，并应符合现行国家标准《建筑装饰装修工程质量验收标准》GB 50210 的有关规定。(《装标》第11.3.13 条)

3.3.2 《混凝土结构工程施工质量验收规范》（GB 50204—2015）（《验收规范》）

装配式混凝土工程施工安装过程应执行《验收规范》第

9 部分装配式结构分项工程的规定。

（1）预制构件临时固定措施应符合施工方案的要求。（《验收规范》第 9.3.1 条）

（2）钢筋采用套筒灌浆连接时，灌浆应饱满、密实，其材料及连接质量应符合国家现行行业标准《钢筋套筒灌浆连接应用技术规程》JGJ 355 的规定。（《验收规范》第 9.3.2 条）

（3）钢筋采用焊接连接时，其接头质量应符合现行行业标准《钢筋焊接及验收规程》JGJ 18 的规定。（《验收规范》第 9.3.3 条）

（4）钢筋采用机械连接时，其接头质量应符合现行行业标准《钢筋机械连接技术规程》JGJ 107 的规定。（《验收规范》第 9.3.4 条）

（5）预制构件采用焊接、螺栓连接等连接方式时，其材料性能及施工质量应符合国家现行标准《钢结构工程施工质量验收规范》GB 50205 和《钢筋焊接及验收规程》JGJ 18 的相关规定。（《验收规范》第 9.3.5 条）

（6）装配式结构采用现浇混凝土连接构件时，构件连接处后浇混凝土的强度应符合设计要求。（《验收规范》第 9.3.6 条）

（7）装配式结构施工后，其外观质量不应有严重缺陷，且不应有影响结构性能和安装、使用功能的尺寸偏差。（《验收规范》第 9.3.7 条）

（8）装配式结构施工后，其外观质量不应有一般缺陷。（《验收规范》第 9.3.8 条）

（9）装配式结构施工后，预制构件位置、尺寸偏差及检验方法应符合设计要求。

3.3.3 《装配式混凝土结构技术规程》（JGJ 1—2014）（《装规》）

装配式混凝土工程施工安装执行《装规》第 12 部分结构施工的规定。

（1）装配式结构施工的后浇混凝土部位在浇筑前应进行隐蔽工程验收。（《装规》第 12.1.2 条）

（2）预制构件、安装用材料及配件等应符合设计要求及国家现行有关标准的规定。（《装规》第 12.1.3 条）

（3）吊装用吊具应按国家现行有关标准的规定进行设计、验算或试验检验。（《装规》第 12.1.4 条）

（4）钢筋套筒灌浆前，应在现场模拟构件连接接头的灌浆方式，每种规格钢筋应制作不少于 3 个套筒灌浆连接接头，进行灌注质量以及接头抗拉强度的检验；经检验合格后，方可进行灌浆作业。（《装规》第 12.1.5 条）

（5）在装配式结构的施工全过程中，应采取防止预制构件及预制构件上的建筑附件、预埋件、预埋吊件等损伤或污染的保护措施。（《装规》第 12.1.6 条）

（6）未经设计允许不得对预制构件进行切割、开洞。（《装规》第 12.1.7 条）

（7）安装施工前，应核对已施工完成结构的混凝土强度、外观质量、尺寸偏差等符合现行国家标准《混凝土结构工程施工规范》GB 50666 和《装规》的有关规定，并应核对预制构件的混凝土强度及预制构件和配件的型号、规格、数量等符合设计要求。（《装规》第 12.2.2 条）

（8）安装施工前，应进行测量放线、设置构件安装定位标识。（《装规》第 12.2.3 条）

（9）安装施工前，应复核构件装配位置、节点连接构造及临时支撑方案等。（《装规》第12.2.4条）

（10）安装施工前，应检查复核吊装设备及吊具处于安全操作状态。（《装规》第12.2.5条）

（11）采用钢筋套筒灌浆连接、钢筋浆锚搭接连接的预制构件就位前，应检查下列内容：（《装规》第12.3.2条）

1）套筒、预留孔的规格、位置、数量和深度。

2）被连接钢筋的规格、数量、位置和长度。

当套筒、预留孔内有杂物时，应清理干净；当连接钢筋倾斜时，应进行校直。连接钢筋偏离套筒或孔洞中心线不宜超过5mm。

（12）墙、柱构件的安装应符合下列规定：（《装规》第12.3.3条）

1）构件安装前，应清洁结合面。

2）构件底部应设置可调整接缝厚度和底部标高的垫块。

3）钢筋套筒灌浆连接接头、钢筋浆锚搭接连接接头灌浆前，应对接缝周围进行封堵，封堵措施应符合结合面承载力设计要求。

4）多层预制剪力墙底部采用座浆材料时，其厚度不宜大于20mm。

（13）钢筋套筒灌浆连接接头、钢筋浆锚搭接连接接头应按检验批划分要求及时灌浆，灌浆作业应符合国家现行有关标准及施工方案的要求，并应符合下列规定：（《装规》第12.3.4条）

1）灌浆施工时，环境温度不应低于5℃；当连接部位养护温度低于10℃时，应采取加热保温措施。

2）灌浆操作全过程应有专职检验人员负责旁站监督并

及时形成施工质量检查记录。

3）应按产品使用说明书的要求计量灌浆料和水的用量，并搅拌均匀；每次拌制的灌浆料拌合物应进行流动度的检测，且其流动度应满足《装规》的规定。

4）灌浆作业应采用压浆法从下口灌注，当浆料从上口流出后应及时封堵，必要时可设分仓进行灌浆。

5）灌浆料拌合物应在制备后 30min 内用完。

（14）后浇混凝土的施工应符合下列规定：（《装规》第 12.3.7 条）

1）预制构件结合面疏松部分的混凝土应剔除并清理干净。

2）模板应保证后浇混凝土部分形状、尺寸和位置准确，并应防止漏浆。

3）在浇筑混凝土前应洒水润湿结合面，混凝土应振捣密实。

4）同一配合比的混凝土，每工作班且建筑面积不超过 $1000m^2$ 应制作一组标准养护试件，同一楼层应制作不少于 3 组标准养护试件。

（15）构件连接部位后浇混凝土及灌浆料的强度达到设计要求后，方可拆除临时固定措施。（《装规》第 12.3.8 条）

（16）受弯叠合构件的装配施工应符合下列规定：（《装规》第 12.3.9 条）

1）应根据设计要求或施工方案设置临时支撑。

2）施工荷载宜均匀布置，并不应超过设计规定。

3）在混凝土浇筑前，应按设计要求检查结合面的粗糙度及预制构件的外露钢筋。

4）叠合构件应在后浇混凝土强度达到设计要求后，方可拆除临时支撑。

（17）安装预制受弯构件时，端部的搁置长度应符合设计要求，端部与支承构件之间应座浆或设置支承垫块，座浆或支承垫块厚度不宜大于 20mm。（《装规》第 12.3.10 条）

（18）外挂墙板的连接节点及接缝构造应符合设计要求；墙板安装完成后，应及时移除临时支承支座、墙板接缝内的传力垫块。（《装规》第 12.3.11 条）

（19）外墙板接缝防水施工应符合下列规定：（《装规》第 12.3.12 条）

1）防水施工前，应将板缝空腔清理干净。

2）应按设计要求填塞背衬材料。

3）密封材料嵌填应饱满、密实、均匀、顺直、表面平滑，其厚度应符合设计要求。

3.3.4 《钢筋套筒灌浆连接应用技术规程》（JGJ 355—2015）（《套筒灌浆连接》）

装配式混凝土工程施工安装过程中，涉及钢筋套筒灌浆连接部分应执行《套筒灌浆连接》第 6 部分施工的规定。

（1）预制构件就位前，应按下列规定检查现浇结构施工质量：（《套筒灌浆连接》第 6.3.3 条）

1）现浇结构与预制构件的结合面应符合设计及现行行业标准《装配式混凝土结构技术规程》JGJ 1 的有关规定。

2）现浇结构施工后外露连接钢筋的位置、尺寸偏差应符合表 3-16 的规定，超过允许偏差时应予以处理。

3）外露连接钢筋的表面不应粘连混凝土、砂浆，不应发生锈蚀。

4）当外露连接钢筋倾斜时，应进行校正。

表 3-16　现浇结构施工后外露连接钢筋的位置、尺寸允许偏差及检验方法（《套筒灌浆连接》表 6.3.3）

项　目	允许偏差/mm	检查方法
中心位置	3 0	尺量
外露长度、顶点标高	15 0	

（2）预制柱、墙安装前，应在预制构件及其支承构件间设置垫片，并应符合下列规定：（《套筒灌浆连接》第6.3.4条）

1）宜采用钢质垫片。

2）可通过垫片调整预制构件的底部标高，可通过在构件底部四角加塞垫片调整构件安装的垂直度。

（3）灌浆施工方式及构件安装应符合下列规定：（《套筒灌浆连接》第6.3.5条）

1）钢筋水平连接时，灌浆套筒应各自独立灌浆。

2）竖向构件宜采用连通腔灌浆，并应合理划分连通灌浆区域；每个区域除预留灌浆孔、出浆孔与排气孔外，应形成密闭空腔，不应漏浆；连通灌浆区域内任意两个灌浆套筒间距离不宜超过1.5m。

3）竖向预制构件不采用连通腔灌浆方式时，构件就位前应设置座浆层。

（4）预制柱、墙的安装应符合下列规定：（《套筒灌浆连接》第6.3.6条）

1）临时固定措施的设置应符合现行国家标准《混凝土结构工程施工规范》GB 50666的有关规定。

2）采用连通腔灌浆方式时，灌浆施工前应对各连通灌浆区域进行封堵，且封堵材料不应减小结合面的设计面积。

（5）预制梁和既有结构改造现浇部分的水平钢筋采用套筒灌浆连接时，施工措施应符合下列规定：（《套筒灌浆连接》第6.3.7条）

1）连接钢筋的外表面应标记插入灌浆套筒最小锚固长度的标识，标识位置应准确，颜色应清晰。

2）对灌浆套筒与钢筋之间的缝隙应采取防止灌浆时灌浆料拌合物外漏的封堵措施。

3）预制梁的水平连接钢筋轴线偏差不应大于5mm，超过允许偏差的应予以处理。

4）与既有结构的水平钢筋相连接时，新连接钢筋的端部应设有保证连接钢筋同轴、稳固的装置。

5）灌浆套筒安装就位后，灌浆孔、出浆孔应在套筒水平轴正上方±45°的锥体范围内，并安装有孔口超过灌浆套筒外表面最高位置的连接管或连接头。

（6）灌浆料使用前，应检查产品包装上的有效期和产品外观。灌浆料使用应符合下列规定：（《套筒灌浆连接》第6.3.8条）

1）拌合用水应符合现行行业标准《混凝土用水标准》JGJ 63的有关规定。

2）加水量应按灌浆料使用说明书的要求确定，并应按重量计量。

3）灌浆料拌合物应采用电动设备搅拌充分、均匀，并宜静置2min后使用。

4）搅拌完成后，不得再次加水。

5）每工作班应检查灌浆料拌合物初始流动度不少于1次。

6）强度检验试件的留置数量应符合验收及施工控制

要求。

（7）灌浆施工应按施工方案执行，并应符合下列规定：（《套筒灌浆连接》第6.3.9条）

1）灌浆操作全过程应有专职检验人员负责现场监督并及时形成施工检查记录。

2）灌浆施工时，环境温度应符合灌浆料产品使用说明书要求；环境温度低于5℃时不宜施工，低于0℃时不得施工；当环境温度高于30℃时，应采取降低灌浆料拌合物温度的措施。

3）对竖向钢筋套筒灌浆连接，灌浆作业应采用压浆法从灌浆套筒下灌浆孔注入，当灌浆料拌合物从构件其他灌浆孔、出浆孔流出后应及时封堵。

4）竖向钢筋套筒灌浆连接采用连通腔灌浆时，宜采用一点灌浆的方式；当一点灌浆遇到问题而需要改变灌浆点时，各灌浆套筒已封堵灌浆孔、出浆孔应重新打开，待灌浆料拌合物再次流出后方可进行封堵。

5）对水平钢筋套筒灌浆连接，灌浆作业应采用压浆法从灌浆套筒灌浆孔注入，当灌浆套筒灌浆孔、出浆孔的连接管或连接头处的灌浆料拌合物均高于灌浆套筒外表面最高点时应停止灌浆，并及时封堵灌浆孔、出浆孔。

6）灌浆料宜在加水后30min内用完。

7）散落的灌浆料拌合物不得二次使用；剩余的拌合物不得再次添加灌浆料、水后混合使用。

（8）当灌浆施工出现无法出浆的情况时，应查明原因，采取的施工措施应符合下列规定：（《套筒灌浆连接》第6.3.10条）

1）对于未密实饱满的竖向连接灌浆套筒，当在灌浆料加水拌合 30min 内时，应首选在灌浆孔补灌；当灌浆料拌合物已无法流动时，可从出浆孔补灌，并应采用手动设备结合细管压力灌浆。

2）水平钢筋连接灌浆施工停止后 30s，当发现灌浆料拌合物下降，应检查灌浆套筒的密封或灌浆料拌合物的排气情况，并及时补灌或采取其他措施。

3）补灌应在灌浆料拌合物达到设计规定的位置后停止，并应在灌浆料凝固后再次检查其位置是否符合设计要求。

（9）灌浆料同条件养护试件抗压强度达到 $35N/mm^2$ 后，方可进行对接头有扰动的后续施工；临时固定措施的拆除应在灌浆料抗压强度能确保结构达到后续施工承载要求后进行。（《套筒灌浆连接》第 6.3.11 条）

第4章　装配式混凝土建筑项目前期监理

本章讲述装配式混凝土建筑项目前期监理，主要包括项目前期监理内容（4.1）、协助甲方选择总承包企业或施工单位（4.2）、协助甲方选择预制构件工厂（4.3）、协助组织设计、制作、施工协同设计（4.4）以及协助组织设计图会审和技术交底（4.5）。

4.1　项目前期监理内容

装配式混凝土建筑监理服务阶段与传统现浇混凝土建筑监理服务阶段内容如图4-1所示。

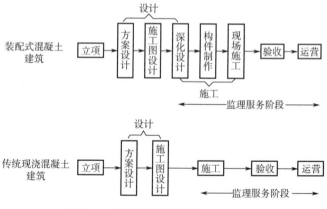

图4-1　装配式建筑与传统现浇混凝土
建筑监理服务阶段内容对比图

从图4-1可见，装配式建筑相比于传统的现浇混凝土建筑，增加了深化设计与预制构件制作阶段，这两个阶段连接了设计与施工阶段，也将传统意义上分割的设计与施工阶段形成了一个整体。在项目实际操作中，深化设计可以由施工图设计单位完成，也可以由独立的深化设计单位完成，还可以由预制构件制作单位（预制构件厂）完成，但无论由哪个单位进行深化设计，监理服务必须向前延伸至深化设计阶段，以保证装配式建筑质量可靠、成本可控以及施工安全。

装配式建筑项目前期监理工作主要集中在深化设计阶段，其主要内容见表4-1。

表4-1 装配式建筑项目前期监理主要工作内容

工作类别	工作内容
监理自身工作	依据监理合同、规范，结合工程项目实际，组建项目监理机构
	针对装配式混凝土建筑特点，组织监理人员进行相关内容培训；依据国家及地方建设行政部门及行业协会的相关规定和要求，取得装配式建筑监理所需的相应资格证书
	熟悉图样，搜集装配式建筑的国家标准、行业标准、项目所在地方标准，编制监理规划并报监理单位技术负责人和建设单位审批
协助业主工作	依据项目特点，向甲方提供深化设计单位、制作单位（预制构件厂）合格供方以供选择
	协助甲方选择施工总承包单位、深化设计单位、预制构件厂
	协助组织设计、制作、施工方的协同设计

工作类别	工作内容
协助业主工作	协助组织设计交底与图样审查，重点检查预制构件图各个专业、各个环节预埋件、预埋物可能存在的遗漏或"撞车"
	针对装配式建筑制作、运输、现场安装施工等各环节中常见质量与安全问题，制定预防措施并提出优化建议

4.2 协助甲方选择总承包企业或施工单位

　　监理单位在协助甲方选择总承包或施工单位时，应对企业资质、企业管理体系、以往业绩、技术力量、施工设备、资金实力及员工素质等方面进行考察，主要内容如下：

　　（1）考察企业业绩时，重点考察是否有装配式建筑施工的经验、完成的项目、用户的评价等。如果被考察企业是第一次从事装配式建筑施工，应与有业绩的企业合作，或具备有经验的管理或技术人员等人才。

　　（2）考察企业团队时，重点考察企业是否具备全面管理的能力，技术人员专业技术水平能否满足装配式建筑施工的需要。

　　（3）考察企业硬件设施时，重点考察企业的施工设备，尤其是吊装能力是否能够保证工程进度和施工质量要求。

　　（4）考察企业管理体系时，重点考察与装配式建筑有关的管理体系及各项制度等。

　　（5）考察企业资金实力时，重点考察企业资金是否充足，避免因资金不足影响施工进度。

4.3　协助甲方选择预制构件工厂

监理单位在协助甲方选择预制构件工厂时，应对企业资质、企业管理体系、以往业绩、技术力量、生产设备、生产能力、资金实力、员工素质、试验检验技术等方面进行考察，主要内容如下：

（1）考察企业业绩时，重点考察是否有预制构件生产的经验、完成的项目、用户的评价等。

（2）考察企业团队时，重点考察企业是否具备全面管理的能力，技术人员专业技术水平能否满足预制构件制作的需要。

（3）考察企业硬件设施时，重点考察企业的生产设备、生产能力、工艺流程是否能够保证产品的质量。

（4）考察企业管理体系时，重点考察预制构件制作质量管理体系及各项制度。

（5）考察企业试验检验技术时，重点考察是否有试验室，试验室的设备是否满足检测需要并确保产品质量符合要求。

（6）考察企业资金实力时，重点考察企业资信状况，避免因资金不足影响施工进度。

4.4　协助组织设计、制作、施工协同设计

装配式混凝土建筑设计时，除了考虑各专业（如建筑、结构、设备和内装）的协同配合外，还应与制作方和施工方协同设计，充分考虑预留、预埋及结构连接、建筑外观和施工的可行性等。预制构件如不进行全过程协同设计，一旦出现漏设、漏埋等，其返修的可能性较小且经济损失较大，因

此应采用系统集成的方法统筹设计、制作、生产运输及施工安装。

监理在协助组织设计、制作、施工协同设计时，工作要点如下：

（1）检查建筑、结构、设备、给水排水、暖通和内装等设计各专业间是否建立协同设计制度。

（2）检查设计、制作、施工单位是否制定协同机制或制度，及时处理各专业各环节存在的问题。

（3）检查是否采用建筑信息模型（BIM）技术，实现全专业、全过程信息化管理。

（4）检查预制构件制作、现场安装、构件连接、设备管线连接、后浇混凝土施工等各环节施工的可行性、方便性，以确保质量和施工安全防护措施等方面进行了统筹设计。

（5）是否建立预制构件制作前由设计、制作、施工单位（各专业施工负责人）参加的图样会审和设计交底制度，及时发现和处理设计中出现的错、漏、碰问题；针对预制构件制作、运输、现场施工等环节存在问题和重点、难点明确技术措施和设计优化方案。

4.5 协助组织设计图会审和技术交底

装配式建筑图样会审与技术交底的内容与现浇建筑有所不同，监理人员参与时应具体注意以下内容。

1. 图样会审要点

（1）拆分图、节点图、预制构件图是否有原设计单位签章。有些项目拆分设计不是原设计单位设计出图，这样的图样及其计算书必须得到原设计单位的复核认可签章，方可作为有效的设计依据。

（2）审核水、电、暖通、装修专业制作、施工各环节所需要的预埋件、吊点、预埋物、预留孔洞是否已经汇集到预制构件制作图中，吊点设置是否符合作业要求（表4-2和表4-3），避免预埋件遗漏。建议各个专业协同工作，通过BIM将设计、制作、运输、安装以及以后使用的场景进行模拟，做到全流程的BIM设计及管理，以便有效避免预埋件的遗漏。

（3）审核预制构件和后浇混凝土连接节点处的钢筋、套筒、预埋件、预埋管线与线盒等距离是否过密，过密将影响混凝土浇筑与振捣。

（4）审核是否给出了套筒、灌浆料、浆锚搭接成孔方式的明确要求，包括材质、力学物理性能、工艺性能、规格型号要求，灌浆作业后不得扰动或负荷的时间要求。

（5）审核夹芯保温板的设计是否给出了拉结件材质、布置、锚固方式的明确要求。

（6）审核后浇混凝土的操作空间是否满足作业要求，如钢筋挤压连接操作空间的要求等。

（7）审核是否给出了预制构件制作脱模吊点、预制构件存放和运输支撑点的位置、捆绑吊装的预制构件捆绑点位置、预制构件安装后临时支撑位置与拆除时间的要求等。

（8）对于建筑、结构一体化预制构件，审核是否有节点详图，如门窗固定窗框预埋件是否满足门窗安装要求。

（9）对制作、施工环节无法或不宜实现的设计要求进行研究，提出解决办法。如现场垂直运输塔式起重机附墙连墙件预埋件或预留洞，预制构件安装、灌浆或其他连接方式时施工安全防护栏等设施的固定埋件等。

（10）是否明确异形或超大预制构件制作脱模和现场吊运、安装时预制构件变形破坏的设计和施工措施要求。

表 4-2 预制构件预埋件一览

阶段	预埋件用途	可能需埋置的构件	可选用预埋件类型								备注
			预埋钢板	内埋式金属螺母	内埋式塑料螺母	钢筋吊环	埋入式钢丝绳吊环	吊钉	木砖	专用	
使用阶段（与建筑物同寿命）	构件连接固定	外挂墙板、楼梯板	◎								
	门窗安装	外墙板、内墙板		◎					◎	◎	
	金属阳台护栏	外墙板、柱、梁		◎	◎						
	窗帘杆或窗帘盒固定	外墙板、梁		◎	◎						
	外墙水落管固定	外墙板、柱		◎	◎						
	装修用预埋件	楼板、梁、柱、墙板	◎	◎							
	较重的设备固定	楼板、梁、柱、墙板		◎							
	较轻的设备、灯具固定	梁、柱、墙板		◎							
	通风管线固定	楼板、梁、柱、墙板		◎	◎						
	管线固定	楼板、梁、柱、墙板		◎	◎						
	电源、电信线固定	楼板、梁、柱、墙板			◎						

（续）

阶段	预埋件用途	可能需埋置的构件	可选用预埋件类型								备注
			内埋式预埋钢板	内埋式金属螺母	内埋式塑料螺母	钢筋吊环	埋入式钢丝绳吊环	吊钉	木砖	专用	
制作	脱模	预应力楼板、梁、柱、墙板	◎			◎					
	翻转	墙板		◎							
运输	吊运	预应力楼板、梁、柱、墙板				◎		◎			
施工（过程用、没有耐久性要求）	安装微调	柱			◎					◎	
	临时侧支撑	柱、墙板	◎	◎							
	后浇筑混凝土模板加固固定	墙板、柱、梁	◎								无装饰的构件
	异形薄弱构架加固埋件	墙板、柱、梁		◎							
	脚手架或塔式起重机固定	墙板、柱、梁	◎								无装饰的构件
	施工安全护栏固定	墙板、柱、梁		◎							无装饰的构件

表 4-3　预制构件吊点一览

构件类型	构件细分	工作状态				吊点方式
		脱模	翻转	吊运	安装	
柱	模台制作的柱子	△		△	○	内埋螺母
	立模制作的柱子	○	无翻转	○	○	内埋螺母
	柱梁一体化构件	△	○	○	○	内埋螺母
梁	梁	○	无翻转	○	○	内埋螺母、钢索吊环、钢筋吊环
	叠合梁	○	无翻转	○	○	内埋螺母、钢索吊环、钢筋吊环
楼板	有桁架筋叠合楼板	○	无翻转	○	○	桁架筋
	无桁架筋叠合楼板	○	无翻转	○	○	预埋钢筋吊环、内埋螺母
	有架立筋预应力叠合楼板	○	无翻转	○	○	架立筋
	无架立筋预应力叠合楼板	○	无翻转	○	○	钢筋吊环、内埋螺母
	预应力空心板	○	无翻转	○	○	内埋螺母

构件类型	构件细分	工作状态				吊点方式
		脱模	翻转	吊运	安装	
墙板	有翻转台翻转的墙板	○	○	○	○	内埋螺母、吊钉
	无翻转台翻转的墙板	△	◇	○	○	内埋螺母、吊钉
楼梯板	模台生产	△	◇	△	○	内埋螺母、钢筋吊环
	立模生产	△	○	△	○	内埋螺母、钢筋吊环
阳台板、空调板等	叠合阳台板、空调板	○	无翻转	○	○	内埋螺母、软带捆绑（小型构件）
	全预制阳台板、空调板	△	◇	○	○	内埋螺母、软带捆绑（小型构件）
飘窗	整体式飘窗	○	◇	○	○	内埋螺母

注：○为安装节点；△为脱模节点；◇为翻转节点，其他栏中标注注表明共用。

（11）是否明确各类吊点、灌浆套筒连接拉拔试验、拉结件试验验证、浆锚灌浆内模成孔试验验证等所需相关试验参数及试验数量与合格标准。

2. 技术交底内容

（1）设计对制作与施工环节的基本要求与重点要求。

（2）制作和施工环节提出设计不明确的地方，由设计方答疑。

（3）装配式混凝土建筑常见质量问题在本项目的预防措施。

（4）装配式混凝土建筑关键质量问题在本项目的预防措施。

（5）预制构件制作与安装施工过程中重点环节安全防范措施等。

第5章 装配式混凝土建筑构件工厂监理

本章介绍监理人员如何开展装配式混凝土建筑预制构件工厂监理工作，主要包括预制构件工厂监理工作内容与关键环节（5.1）、预制构件制作方案审核要点（5.2）、材料部件进场验收要点（5.3）、灌浆套筒拉拔试验监理（5.4）、模具验收与首件检查（5.5）、钢筋制作过程监理（5.6）、表面装饰材料作业过程监理（5.7）、预制构件制作隐蔽工程验收（5.8）、门窗埋设检查（5.9）、混凝土制配与运送监理（5.10）、混凝土浇筑监理（5.11）、预制夹芯保温板拉结件埋设和保温板铺设监理（5.12）、预制构件养护监理（5.13）、预制构件修补和表面处理监理（5.14）、预制构件存放监理（5.15）、预制构件验收（5.16）以及预制构件装车与运输环节监理（5.17）。

5.1 预制构件工厂监理工作内容与关键环节

装配式混凝土建筑有两个主要特征：第一个特征是构成建筑结构的构件是混凝土预制构件；第二个特征是装配式混凝土建筑是由结构、外围护、内装和设备管线系统的主要部品部件预制集成的建筑。预制构件的施工质量决定了建筑结构是否安全，因此对预制构件制作进行驻厂监理是确保建筑结构安全的重要保障。驻厂监理的具体监理工作内容见表2-1。

预制构件工厂通常都是几十人或者上百人同时作业，一个或几个监理工程师无法事无巨细地进行全面全过程监理，因此应对关键环节旁站或全过程监理，其他环节可采用抽查监理或架设视频进行监理。

驻厂监理人员监理工作的关键环节具体有以下几个：

（1）预制构件制作方案审核。

（2）材料部件进场验收。

（3）模具验收与首件验收。

（4）隐蔽工程验收。

（5）预制构件成品验收。

5.2 预制构件制作方案审核要点

预制构件制作质量是影响装配式建筑工程结构安全和使用功能的重要因素，因此预制构件工厂应编制预制构件制作方案，以明确制作总体安排、制作进度计划、制作准备和资源配置计划、制作方法及工艺要求等。针对制作重点和难点简述其主要管理和技术措施，以指导预制构件的制作，确保预制构件制作质量、进度、安全符合国家规范、规程、地方规范和设计、制作合同及总承包的要求。除了常规的审核制作方案及审核人员资格和审批程序外，驻厂监理应当对制作方案中的以下内容进行重点审核：

（1）工厂的制作工艺是否适用于该工程的预制构件制作，对于不适合的预制构件，应采取的专项措施。

（2）工厂生产能力是否能按工程进度要求交货。

（3）模具数量能否保证按期交货，设计与选型能否实现设计要求和保证预制构件质量。

（4）原材料来源与品牌是否符合设计或规范要求，特别是灌浆套筒和拉结件，入厂的检查方法与程序。

（5）外委加工部件（如桁架筋、钢筋网片等）。厂家是否具有确保质量的履约能力，入厂的检查方法与程序。

（6）模具清理、组装、脱模剂涂刷方案，质量检查方法与程序。

（7）钢筋加工与入模方案，质量检查方法与程序。

（8）套筒、金属波纹管、预埋件、防雷引下线、预留孔内模、电气预埋管线箱盒入模及固定方案，质量检查方法与程序。

（9）芯片埋设方案。

（10）隐蔽工程验收程序。

（11）混凝土配合比，同一预制构件上有不同强度等级混凝土时的搅拌、浇筑方案。

（12）粗糙面形成方案，质量检查方法与程序。

（13）混凝土浇筑、振捣方案，质量检查方法与程序。

（14）预制构件养护方案，质量检查方法与程序。

（15）预制构件脱模时间确定方法与程序。

（16）预制构件脱模、翻转方案。

（17）预制构件吊运方案，常用预制构件吊具准备，特殊预制构件专用吊具设计方案。

（18）预制构件初检场地、设施与检查流程。

（19）预制构件修补方案，质量检查方法与程序。

（20）预制构件存放方案，支垫位置、材料、层数、平面布置图等。

（21）预制构件表面标识方法、内容与标识位置方案。

（22）预制构件保护或包装方案。

（23）预制构件装车、封车、固定、运输方案。

（24）预制构件制作环节档案清单、形成办法与归档程序。

（25）预制构件出厂检查方案。

（26）预制构件交付资料形成与交付办法。

（27）预制构件制作各环节安全措施、设施、护具方案。

（28）各作业环节安全操作规程，培训计划与方式。

（29）文明生产措施。

（30）计量系统校核周期与程序等。

5.3 材料部件进场验收要点

驻厂监理对工厂原材料的检查应包括水泥、骨料、外加剂、掺合料、钢材、商品混凝土、水、套筒灌浆料等原材料的检查，对部件的检查应包括灌浆套筒、机械套筒、金属波纹管、预埋件、夹芯保温板拉结件、钢筋锚固板等部件。

5.3.1 原材料验收要点

水泥、骨料、外加剂、掺合料、钢材、水等原材料验收要点与传统现浇混凝土的原材料验收要点相同，这里不再赘述。

5.3.2 连接部件验收要点

1. 灌浆套筒

（1）检查灌浆套筒的构造，见图5-1，其中筒壁、剪力槽、灌浆口（进浆孔）、排浆口（出浆孔）、钢筋定位销（终止钢筋）需满足现行行业标准《钢筋套筒灌浆应用技术规程》JGJ 355和《钢筋连接用灌浆套筒》JG/T 398的规定。

（2）检查灌浆套筒

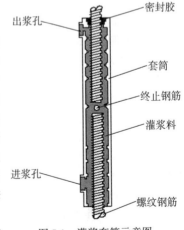

图5-1 灌浆套筒示意图

材质，须符合《钢筋连接用灌浆套筒》（JG/T 398—2012）给出的材料性能。

（3）检查灌浆套筒的尺寸偏差是否符合《钢筋连接用灌浆套筒》（JG/T 398—2012）规定，见表5-1。

表5-1　灌浆套筒尺寸偏差

序号	项目	灌浆套筒尺寸偏差					
		铸造灌浆套筒			机械加工灌浆套筒		
1	钢筋直径 /mm	12 ~ 20	22 ~ 32	36 ~ 40	12 ~ 20	22 ~ 32	36 ~ 40
2	外径允许偏差 /mm	±0.8	±1.0	±1.5	±0.6	±0.8	±0.8
3	壁厚允许偏差 /mm	±0.8	±1.0	±1.2	±0.5	±0.6	±0.8
4	长度允许偏差 /mm	± (0.01 × L)			±2.0		
5	锚固段环形凸起部分的内径允许偏差/mm	±1.5			±1.0		
6	锚固段环形凸起部分的内径最小尺寸与钢筋公称直径差值/mm	≥10			≥10		
7	直螺纹精度	—			《普通螺纹公差》（GB/T 197—2018）中 6H 级		

（4）检查灌浆套筒的钢筋锚固深度是否满足《钢筋套筒灌浆连接应用技术规程》（JGJ 355—2015）。

（5）检查灌浆套筒尺寸是否满足结构设计要求。

2. 金属波纹管

（1）检查金属波纹管（图 5-2）的规格，波纹高度不应小于 3mm，壁厚不宜小于 0.4mm。

图 5-2　浆锚孔金属波纹管

（2）当采用软钢制作时，检查性能是否符合现行国家标准《碳素结构钢冷轧钢带》GB 716 的规定。

（3）当采用镀锌钢带制作时，检查其性能是否符合现行国家标准《连续热镀钢板及钢带》GB/T 2518 的规定且双面镀锌层重量不宜小于 60g/m²。

5.3.3　其他部件的检查

1. 预埋件

（1）检查厂家的自检报告、出厂合格证和生产厂家质量证明书。

（2）检查预埋件的品牌、品种、强度、出厂日期是否符合供货要求。

（3）检查预埋件外观。部分预埋件如图 5-3 所示。

Y形螺母

O形螺母

吊钉

图 5-3　预埋件

2. 夹芯保温板拉结件

（1）检查厂家的自检报告、出厂合格证和生产厂家质量证明书。

（2）检查拉结件的品牌、品种、规格等是否符合供货要求。

（3）检查拉结件抗拉强度、抗剪强度、弹性模数、导热系数、耐久性和防火性等力学物理性能。

（4）检查拉结件是否适合当地环境条件。部分拉结件如图 5-4 所示。

图 5-4　金属拉结件和 FRP 拉结件

5.4　灌浆套筒拉拔试验监理

《装规》中唯一的强制性条文，就是对钢筋灌浆套筒连接接头必须进行抗拉强度试验，监理人员应重点检查抗拉强度试验是否符合相关规程及标准要求。

5.4.1 原材料检查

检查进厂的灌浆套筒接头型式检验报告，外观检测报告和灌浆料的材料性能检测报告，建议灌浆套筒与灌浆料选择同一厂家的产品，以确保性能匹配。

5.4.2 连接接头试件制作

（1）按要求称量灌浆料和水。

（2）灌浆套筒连接接头试件水平放置，且灌浆孔、出浆孔朝上，使用手动灌浆器或者电动灌浆机进行灌浆，当灌浆孔、出浆孔的灌浆料拌合物均高于灌浆套筒外表面最高点时应停止灌浆，并及时封堵灌浆孔、出浆孔。封堵30s后，打开堵孔塞检查是否灌满，一经发现灌浆料拌合物下降，应及时补灌。

（3）灌浆过程中，在出浆孔处看见有明显灌浆料拌合物流动时可用软钢丝线插入搅动进行疏导。灌浆前后灌浆套筒连接接头试件如图5-5和图5-6所示。

图5-5　灌浆套筒连接接头试件　　图5-6　灌浆套筒连接接头试件
　　　　（灌浆前）　　　　　　　　　　　　（灌浆后）

5.4.3 拉拔试验

抗拉强度检验结果应符合现行行业标准《钢筋套筒灌浆连接应用技术规程》JGJ 355 的有关规定。

（1）同一批号、同一类型、同一规格的灌浆套筒，不超过 1000 个为一批，每批随机抽取 3 个制作对中连接接头试件。

（2）不同钢筋生产企业的进场钢筋均应进行接头拉拔试验，当更换钢筋生产企业，或同一生产企业生产的钢筋外形尺寸与已完成工艺检验的钢筋有较大差异时，应再次进行拉拔试验。

（3）试验方法应当由设计人员提出。

拉拔试验如图 5-7 所示。

图 5-7　灌浆套筒拉拔试验

5.5　模具验收与首件检查

5.5.1　模具验收

除了部分独立构件外，大部分的模具包括底模和边模两部分。其中，底模又称模台。实际生产中，因模台一般固定不动，所以通常所说的模具仅是指边模或者不需要模台的独立模具。

模台（图5-8）是由工字钢与钢板焊接而成的工作平台，模具（边模）通过磁盒或者螺栓等与模台连接。国内模台一般不经过研磨抛光，表面光洁度就是钢板出厂光洁度，平整度要求2m之内不超过±2mm。模台常用规格为4m×9m、3.5m×12m和3m×12m。

图5-8　固定钢模台和叠合板边模

预制构件的模具是根据预制构件的设计图进行设计和制作的，由于预制构件不同，预制构件模具的尺寸、形状、结构形式、组装方式等也不尽相同。

1. 模具检查验收项目

模具检查验收项目一般包括以下几方面内容：

（1）形状。

（2）材质。

（3）尺寸偏差。

（4）平面平整度。

（5）边缘。

（6）转角。

（7）套筒、预埋件定位。

（8）孔眼定位。

（9）出筋定位。

（10）模具的刚度。

（11）组模后牢固程度。

（12）连接处密实情况。

（13）较高模具防止倾倒的措施等。

2. 模具尺寸允许偏差和检验方法

《装标》给出了模具尺寸允许偏差和检验方法，见表3-2；模具上预埋件、预留孔洞安装允许误差，见表3-3。

5.5.2 首件验收

首件验收是预制构件制作时预先对模具生产过程的前期控制手段，也是工序质量控制的重要方法。驻厂监理在模具批量生产前，应提示构件厂进行模具首个预制构件的生产，对首件模具检测的同时应进行一次混凝土浇筑试验。其主要目的是在预制构件制作时，防止产品出现成批量的质量问题，如尺寸误差、预埋件定位误差、混凝土表面光洁度缺陷。

1. 外观质量验收

首先应检查预制构件外形及表面光洁度质量缺陷、缺棱掉角、棱角不直，翘曲不平；避免混凝土表面麻面、掉皮、起砂、沾污等。外观质量缺陷分类见表3-9。

2. 预制楼板类构件首件验收

预制楼板类构件首件验收检查验收内容如下。

（1）规格尺寸：检查长度，宽度，厚度。

（2）检查对角线误差。

（3）外形：检查表面平整度（内外表面），楼板侧向弯曲，扭翘。

（4）预留孔：检查中心线位置偏移，孔尺寸。

（5）预留洞：检查中心线位置偏移，洞口尺寸，深度。

（6）预留插筋：检查中心线位置偏移，外露长度。

（7）吊环、木砖：检查中心线位置偏移，留出高度。

（8）检查桁架钢筋高度。

（9）预埋件部位。

1）预埋钢板：检查中心线位置偏移，平面偏差。

2）预埋螺栓：检查中心线位置偏移，外露长度。

3）预埋线盒、电盒：检查在构件的水平方向中心位置偏差，与构件板面混凝土高差。

（10）外形尺寸偏差检查及预埋件定位偏差检查，见表3-10。

3. 预制墙板类构件首件验收

预制墙板类构件首件验收检查验收内容如下。

（1）规格尺寸：检查高度，宽度，厚度。

（2）检查对角线误差。

（3）外形：检查表面平整度（内外表面），楼板侧向弯曲，扭翘。

（4）预留孔：检查中心线位置偏移，孔尺寸。

（5）预留洞：检查中心线位置偏移，洞口尺寸，深度。

（6）预留插筋：检查中心线位置偏移，外露长度。

（7）吊环、木砖：检查中心线位置偏移，留出高度。

（8）键槽：检查中心线位置偏移，长度，宽度，深度。

（9）灌浆套筒及连接钢筋：灌浆套筒中心线位置，连接钢筋中心线位置，连接钢筋外露长度。

（10）预埋件部位。

1）预埋钢板：检查中心线位置偏移，平面高差。

2）预埋螺栓：检查中心线位置偏移，外露长度。

3）预埋套管、螺母：检查中心线位置偏移，平面高差。

（11）外形尺寸偏差检查及检验方法，见表3-11。

4. 预制梁柱桁架类构件首件验收

预制梁柱桁架类构件首件验收检查验收内容如下。

（1）规格尺寸：检查长度，宽度，高度。

（2）检查表面平整度。

（3）侧向弯曲：检查梁柱，桁架。

（4）预留孔：检查中心线位置偏移，孔尺寸。

（5）预留洞：检查中心线位置偏移，洞口尺寸，深度。

（6）预留插筋：检查中心线位置偏移，外露长度。

（7）吊环：检查中心线位置偏移，留出高度。

（8）键槽：检查中心线位置偏移，长度，宽度，深度。

（9）灌浆套筒及连接钢筋：灌浆套筒中心线位置，连接钢筋中心线位置，连接钢筋外露长度。

（10）预埋件部位。

1）预埋钢板：检查中心线位置偏移，平面高差。

2）预埋螺栓：检查中心线位置偏移，外露长度。

（11）预制梁柱桁架类构件外形尺寸允许偏差及检验方法，见表3-12。

5. 装饰类预制构件首件验收

装饰类预制构件首件验收检查验收内容如下。

（1）检查表面平整度。

（2）面砖、石材类：阳角方正，上口平直，接缝平直，接缝深度，接缝宽度。

（3）装饰构件外形尺寸允许偏差及检验方法，见表3-13。

5.6 钢筋制作过程监理

钢筋制作过程监理包括外委加工钢筋产品的监理和工厂内部钢筋加工的监理。除了常规的原材料检查验收外，在制作过程中的监理主要体现在检查方面，钢筋（图5-9）检查内容包含但不限于尺寸偏差、连接质量、箍筋位置和数量、拉筋位置和数量、绑扎是否牢固等，具体检查内容如下。

图5-9 加工好的钢筋网片（左）和钢筋桁架（右）

1. 钢筋成品的尺寸偏差检查

钢筋成品的尺寸偏差检查标准和方法见表3-5。

2. 钢筋桁架尺寸偏差检查

钢筋桁架检查标准和方法见表3-6。

3. 钢筋连接检查

除应符合现行国家标准《混凝土结构工程施工规范》GB 50666的规定外，还应对下列内容进行检查：

（1）钢筋接头的方式、位置、同一界面受力钢筋的接头百分率、钢筋的搭接长度及锚固长度应符合设计和国家现行相关标准要求。

（2）钢筋焊接接头、机械连接接头和套筒灌浆连接接头均应进行工艺检验。

（3）螺纹接头钢筋应墩粗后再剥肋滚轧螺纹，以避免因直接滚轧螺纹对钢筋断面的消减。螺纹接头与半灌浆套筒连接应使用专用扭力扳手拧紧至规定扭力值。

（4）钢筋焊接接头和机械连接接头应全数进行外观检查。

4. 钢筋半成品、钢筋网片、钢筋骨架和钢筋桁架检查

（1）钢筋表面不得有油污、严重锈蚀。

（2）钢筋网片和钢筋桁架宜采用平面吊架进行吊运。

（3）混凝土保护层厚度应满足设计要求。保护层垫块宜与钢筋骨架或网片绑扎牢固，按梅花状布置，间距满足钢筋限位及控制变形要求，钢筋绑扎丝甩扣应弯向构件内侧。

5. 钢筋外委加工检查

原则上不允许，如需采用外委加工则需要满足以下几点：

（1）外委加工钢筋必须满足国家规范及地方标准的要求。

（2）在外委钢筋加工过程中，驻厂监理需对第一次和复杂构件钢筋进行全程旁站和抽查，同时将有关记录留存归档。

（3）外委钢筋采用机械加工时，第一次加工过程驻厂监理须全程旁站，后期不定期进行抽查，以校正机械设备的准确性。

（4）外委钢筋采用人工加工时，须对每件钢筋半成品或成品进行验收。

5.7　表面装饰作业过程监理

装饰一体化预制构件（图 5-10 ~ 图 5-12）是将装饰性材

料通过反打工艺形成预制构件，其质量检查与普通预制构件有所不同。监理人员应根据其特点对反打装饰作业过程的以下项目进行重点检查。

图 5-10　石材反打预制构件

（1）外装饰石材、面砖的图案、分割、色彩、尺寸应符合设计要求；要求施工人员对面砖进行筛选，确保面砖尺寸误差在受控范围内，并无色差、无裂缝掉角等质量缺陷；面砖背面应有燕尾槽，燕尾槽的尺寸应符合相关要求。

图 5-11　瓷砖反打预制构件

图 5-12　反打面砖预制构件

（2）组模控制：严格按照预制构件尺寸组装模具，尤其门窗口位置需重点检验，保证误差在允许范围内，避免石材、面砖拼装时因尺寸误差导致石材、面砖布置方案无法正常实行。

（3）外装饰石材、面砖铺贴之前应清理模具，清理侧模与底模时先对灰尘及混凝土残留进行清理，然后用湿抹布对模具浮沉进行清理，尤其对底模浮灰清理需重点检查，保证模具及底模干净整洁，无浮灰，并按照外装饰铺设图的编号分类摆放。

（4）石材、面砖和底模之间宜设置垫片保护，防止模具划伤石材、面砖。

（5）石材入模铺设前检查应根据外装饰铺设图核对石材尺寸，并提前在石材背面涂刷界面处理剂；检查界面处理剂是否涂刷均匀及是否满涂。

（6）石材和面砖铺设前应在按照控制尺寸和标高在模具上设置标识，并按照标识固定和校正石材和面砖；厚度25mm以上的石材应对石材背面进行处理，并安装不锈钢卡件，重点检查卡件与混凝土板是否可靠连接无松动。卡件宜采用竖立梅花布置，卡件的规格、位置、数量应满足设计及施工方案要求。

（7）石材和面砖敷设后表面应平整，接缝应顺直，接缝的宽度和深度应符合设计要求，缝隙应进行密封处理。

（8）浇筑混凝土时下料斗严禁过高且放料时禁止堆积，需目测下料时石材、面砖是否有松动、位移现象，振捣时振捣棒严禁垂直振捣，且不得漏振、过振现象出现，避免瓷砖碎裂。为防止瓷砖二次污染，预制构件成型后应检查包裹保护薄膜是否完整。

（9）瓷砖应做抗拉拔试验，即采用与制品相同的瓷砖与混凝土强度等级制作试块，使用仪器进行试验，陶瓷类装饰面砖与预制构件基面的粘结强度应符合现行行业标准《建筑工程饰面砖粘结强度检验标准》JGJ 110 和《外墙面砖工程施工及验收规范》JGJ 126 等的规定。

5.8 预制构件制作隐蔽工程验收

5.8.1 隐蔽工程验收内容

预制构件制作的隐蔽工程验收主要包括钢筋、灌浆套筒、防雷引下线、预埋件（预留孔洞）、饰面五项内容。

1. 钢筋验收内容

（1）钢筋的品种、等级、规格、长度、数量、布筋间距。

（2）钢筋的弯心直径、弯曲角度、平直段长度。

（3）每个钢筋交叉点均应绑扎牢固，绑扣宜八字开，绑丝头应平贴钢筋或朝向钢筋骨架内侧。

（4）拉钩、马凳或架起钢筋应按规定的间距和形式布置并绑扎牢固。

（5）钢筋与套筒的保护层厚度，钢筋间隔件（保护层垫块）的规格、布置形式、间距、数量。

（6）钢筋的伸出位置、伸出长度、伸出方向，定位措施是否符合设计和制作工艺要求。

（7）钢筋端头为预制螺纹时，螺纹的螺距、长度、牙形，保护措施是否可靠。

（8）露出混凝土外部的钢筋宜设置遮盖物。

（9）钢筋的连接方式、连接质量、接头数量和位置、接头面积百分率、搭接长度等。

（10）加强筋的布置形式、数量状态。

（11）箍筋的弯折角度及平直段长度。

（12）灌浆套筒与受力钢筋的连接、位置误差等。

2. 灌浆套筒验收内容

（1）灌浆套筒规格、级别、尺寸。

（2）套筒与模具固定位置和平整度。

（3）半灌浆套筒与钢筋连接套丝长度。

（4）套筒端部封堵情况。

（5）构件钢筋插入灌浆套筒的锚固长度应符合灌浆套筒

参数要求。

(6) 灌浆孔和出浆孔是否有堵塞。

(7) 灌浆套筒的净距是否满足要求。

(8) 套筒处箍筋保护层厚度是否满足规范要求。

3. 预埋件（预留孔洞）验收内容

(1) 品种、型号、规格、数量，成排预埋件的间距。

(2) 有无明显变形、损坏，螺纹、丝扣有无损坏。

(3) 预埋件的空间位置、安装方向。

(4) 预留孔洞的位置、尺寸、垂直度、固定方式。

(5) 预埋件的安装形式，安装是否牢固可靠。

(6) 垫片、龙眼等配件是否已安装。

(7) 预埋件上是否存在油脂、锈蚀。

(8) 预埋件底部及预留孔洞周边的加强筋规格、长度，加强筋固定是否牢固可靠。

(9) 预埋件与钢筋、模具的连接是否牢固可靠。

(10) 橡胶圈、密封圈等是否安装到位。

4. 防雷引下线验收内容

(1) 防雷引下线的布置、安装数量和连接方式应符合设计要求。

(2) 采用镀锌扁钢带做防雷引下线时，检查镀锌钢板的断面尺寸和镀锌层厚度是否满足要求。

(3) 防雷引下线宜选用标准的接头和螺栓连接的方式，以彻底避免因焊接连接造成的锈蚀隐患（图5-13）。

5. 饰面验收内容

(1) 饰面材料品种、规格、颜色、尺寸、间距、拼缝。

(2) 铺贴的方式、图案、平整度。

(3) 是否存在倾斜、翘曲、裂纹。

图 5-13　日本防雷引下铜线及连接头

（4）需要背涂的饰面材料的背涂质量，带挂钩的饰面材料的挂钩安装质量。

5.8.2　隐蔽工程验收程序

1. 隐蔽工程自检

工程具备隐蔽条件或达到专用条款约定的中间验收部位，预制构件工厂应组织相关人员进行自检。自检合格后通知驻厂监理进行验收，通知包括隐蔽和中间验收的内容、验收时间和地点。

2. 共同检验

隐蔽工程验收应由监理工程师组织，接到构件厂的请求验收通知后，与构件厂共同检查或试验。如检测结果表明质量验收合格，经监理工程师在验收记录上签字后，构件厂可进行工程隐蔽和继续施工。如检测结果表明质量验收不合格，构件厂应在监理工程师限定的时间内修改后重新验收，直到合格为止。

3. 重新检验

无论监理工程师是否参加了验收，当其对某部分工程质量有怀疑，均可要求预制构件工厂重新检验。预制构件工厂接到通知后，应按要求进行重新检验，并在检验后重新覆盖或修复。

4. 工程验收合格

没有按隐蔽工程专项要求办理验收的项目，严禁进行下一道工序施工。

5. 验收流程

验收流程如图 5-14 所示。

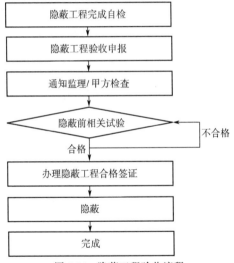

图 5-14　隐蔽工程验收流程

5.8.3　隐蔽工程验收记录

（1）制作班组对完成的隐蔽工程进行自检，认为所有项目合格后在工程质量管理表（表 5-2）上签字。

表 5-2 　隐蔽工程质量管理

序号	项目名称	构件型号	模号	生产日期	钢筋绑扎		模板清理		饰面铺设		钢筋入模		埋件安装		加强筋绑扎		预埋套筒/波纹管安装		预埋物		预留孔洞		保护层确认
					操作员	检验员	操作员	检验员	操作员	检验员	操作员	检验员	操作员	检验员	操作员	检验员	操作员	检验员	操作员	检验员	操作员	检验员	检验员
1																							
2																							
3																							
4																							
5																							
6																							
7																							
8																							
9																							
10																							
11																							
12																							
13																							
14																							
15																							
16																							
17																							
18																							
19																							
20																							

(2) 专业质检员应根据验收的最终结果做好验收记录，验收记录包括隐蔽工程验收表和预制构件制作过程检测表，两表格式可参照上海地方标准中的相关表格，并根据企业自身情况进行修订（表5-3和表5-4）。

表5-3　隐蔽工程验收

	检查项目	判定	
隐蔽工程验收	1. 模台面清扫	合格	否
	2. 模具尺寸及安装状态	合格	否
	3. 饰面弹线尺寸	合格	否
	4. 石材或装饰面砖类别及颜色	合格	否
	5. 装饰面砖集成块加工状态	合格	否
	6. 石材或装饰面砖缝宽度及深度	合格	否
	7. 石材或装饰面砖铺设后有无表面起伏	合格	否
	8. 脱模剂、缓凝剂涂刷状态	合格	否
	9. 钢筋骨架加工与钢筋翻样图一致	合格	否
	10. 钢筋保护层有无不足（包括扎丝）	合格	否
	11. 钢筋的绑扎状态（包括加强筋）	合格	否
	12. 垫块数量	合格	否
	13. 预埋件种类、数量及安装位置	合格	否
	14. 灌浆套筒的型号数量及位置	合格	否
	15. 预埋件的固定状态	合格	否
	16. 叠合筋的焊接状态	合格	否
	17. 外伸钢筋的长度	合格	否
	检查者（签名）		

预制构件编号：

表 5-4 预制构件制作过程检测

序号	检测部位	检测项目及结果 （合格 - √；不合格 - ×）		检测方法及要求	检测结果 （合格/需整改）	检测人员
1	模具	□长度；□截面尺寸；□对角线误差；□侧向弯曲；□翘曲；□底模表面平整度；□组装缝隙；□端模与侧模高低差		参见上海市现行地方标准《装配整体式混凝土结构预制构件制作与质量检验规程》DGJ 08—2069		
2	面砖、石材	□面砖颜色；□表面平整度；□阳角方正；□上口平直；□接缝平直；□接缝深度；□接缝宽度				
3	钢筋制品	钢筋网片	□长、宽；□网眼尺寸			
		钢筋骨架	□长；□宽、高			
		受力钢筋	□间距；□排距；□保护层			
		□钢筋、横向钢筋间距				
		□钢筋弯起点位置				

序号	检测部位	检测项目及结果（合格-√;不合格-×）		检测方法及要求	检测结果（合格/需整改）	检测人员
4	预埋件和预留孔洞	预埋钢筋锚固板	□中心线位置;□安装平整度	参见上海市现行地方标准《装配式混凝土结构预制构件制作与质量检验规程》DGJ 08—2069		
		预埋管、预留孔	□中心线位置;□孔尺寸			
		门窗口	□中心线位置;□宽度,高度			
		插筋	□中心线位置;□外露长度			
		预留吊环	□中心线位置;□外露长度			
		预留洞	□中心线位置;□尺寸			
		预埋螺栓	□螺栓中心位置;□螺栓外露长度			
		钢筋套筒	□中心线位置;□平整度			
5	门窗	□门窗框方向;□锚固脚片;□门窗框位置;□门窗框高宽;□门窗框对角线;□门窗框的平整度				
整改内容						

检验结论

质检员：　　　　　　　　　　　年　　月　　日

（3）隐蔽工程的检查除书面检查记录外，还应当有照片、视频记录。建立照片、视频档案不是强制要求的，但对追溯原因、追溯责任十分有用，所以应该建立。拍照时用小白板记录该构件的使用项目名称、检查项目、检查时间、生产单位等（图5-15）。对关键部位应当多角度拍照，照片应清晰。

图5-15　浇筑前隐蔽工程检查拍照

隐蔽工程检查记录应当与原材料检验记录一起在工厂存档，存档按时间、项目进行分类，照片、影像类资料应电子存档并刻盘。

5.9　门窗埋设检查

（1）门窗框安装前，应查看门窗框保护膜的状态，并去掉或切断固定保护膜的胶带，以避免形成渗水通道（图5-16）。

（2）如果门窗框锚固脚片未装好，应先把锚固脚片安装在门窗框上（图5-17）。

（3）门窗框安装前，应先清理底模，将粘在底模上的混凝土残渣及铁锈等清理干净，并在底模上表面沿周

图5-16　切断的固定保护膜胶带

边粘贴止浆胶带。同时应检查门窗框开启方向、上下左右的位置标识，防止出现安装位置错误。

（4）有避雷要求的，在指定位置安装避雷铜编带，铜编带与门窗框连接部位应用砂纸去除表面绝缘涂层（图5-18）。

图 5-17　窗框保护脚片　　图 5-18　门窗框上连接避雷铜编带

（5）门窗固定好后，应将门窗框凹槽内的锚固脚片向外掰开（图5-19）。

图 5-19　掰开锚固脚片

（6）门窗框安装尺寸偏差的检验标准应符合表3-4的要求。

5.10　混凝土制配与运送监理

5.10.1　混凝土制配监理

《装标》第9.6.2条规定混凝土工作性能指标应根据预

制构件产品特点和生产工艺确定，主要包括以下内容：

（1）配合比设计应满足混凝土配制强度及其他力学性能、拌合物性能、长期性能和耐久性能的设计要求。

（2）配合比设计应采用项目上实际使用的原材料，所采用的细骨料含水率应小于 0.5%，粗骨料含水率应小于 0.2%。

（3）混凝土的最大水胶比应符合现行国家标准《混凝土结构设计规范》GB 50010 中第 3.5.3 条的规定。

（4）矿物掺合料在混凝土中的掺量应通过试验确定。

5.10.2 混凝土抗压强度与坍落度检验

（1）混凝土应进行抗压强度检验，并应符合下列规定：

1）混凝土检验试件应在浇筑地点取样制作。

2）每拌制 100 盘且不超过 100m³ 的同一配合比混凝土，每工作班拌制的同一配合比的混凝土不足 100 盘为一批。

3）每批制作强度检验试块不少于 3 组，随机抽取 1 组进行同条件标准养护后强度检验，其余可作为同条件试件在预制构件脱模和出厂时控制其混凝土强度，还可根据预制构件吊装、张拉和放张等要求，留置足够数量的同条件混凝土试块进行强度检验。

4）蒸汽养护的预制构件，其强度评定混凝土试块应随同构件蒸养后，再转入标准条件养护。构件脱模起吊、预应力张拉或放张的混凝土同条件试块，其养护条件应与构件生产中采用的养护条件相同。

5）除设计有要求外，预制构件出厂时的混凝土强度不宜低于设计强度的 75%。

（2）坍落度检验方法及应符合的要求如下：

1）先湿润坍落筒及所用工具，然后将坍落筒放在一块刚性的、平坦的、湿润且不吸水的底板上，把要测试的混凝土试样分三层装入筒内。

2）每层用捣棒插捣 25 次，各次插捣要在每层截面上均匀分布，顶层插捣完后，用抹子将筒顶混凝土表面搓平。

3）小心垂直提起坍落筒，其提离过程应在 5 ~ 10s 内完成，要平稳地向上提起，同时保证混凝土试体不受碰撞或震动。整个检验过程要连续进行，并在 150s 之内完成。

4）提起坍落筒后，立即测量筒高与坍落后混凝土试体最高点之间的高度差，所得数值就是坍落度值。

5）如坍落度检验值在配合比设计允许范围内，且混凝土黏聚性、保水性、流动性均良好，则该盘混凝土可正常使用。

5.10.3　混凝土运送监理

（1）预制构件工厂常用的混凝土运送方式有三种，即自动鱼雷罐运送（图 5-20）、起重机加料斗运送（图 5-21）、叉车加料斗运送（图 5-22）。当厂内搅拌站能力无法满足生产需要时，可以采购部分商品混凝土，但商品混凝土的配合比须由预制构件工厂提供，商品混凝土采用搅拌罐车运送。

图 5-20　自动鱼雷罐运送

图 5-21　起重机加料斗运送

图 5-22　叉车加料斗运送（防雨遮盖）

（2）混凝土运送应做到以下几点：

1）运送路径通畅，应尽可能缩短运送时间和距离。

2）运送混凝土容器每次出料后必须清洗干净，不能有残留混凝土。

3）当运送路线有露天段，遇到雨雪天气时，运送混凝土叉车上的料斗应当苫盖（图 5-22）。

4）混凝土浇筑时应控制混凝土从出机到浇筑完毕的时间，上海市《装配式建筑预制混凝土构件生产技术导则》给出了一个规定，供读者参考（表 5-5）。

表 5-5　混凝土运输、浇筑和间歇的适宜时间

混凝土强度等级	气温	
	≤25℃	>25℃
< C30	60min	45min
≥C30	45min	30min

5.11 混凝土浇筑监理

5.11.1 混凝土浇筑的前提条件

（1）预制构件模具质量进行检查，并验收合格。

（2）钢筋入模进行检查，并验收合格。

（3）隐蔽工程进行检查，并验收合格。

（4）出筋进行加固检查，并验收合格。

（5）漏浆口等进行封堵检查，并验收合格。

5.11.2 混凝土浇筑入模监理

根据不同的生产工艺，混凝土入模有喂料斗半自动入模、料斗人工入模、智能化入模等，混凝土无论采用何种入模方式，浇筑时应主要监理以下内容：

（1）混凝土浇筑前应当做好混凝土的检查，检查内容包括混凝土坍落度、温度、含气量等。

（2）混凝土浇筑前应制作脱模强度试块、出厂强度试块和28d强度试块等。有其他要求的，还应制作符合相应要求的试块，如抗渗试块。

（3）混凝土浇筑前，应对预埋件及伸出钢筋采取防止污染的措施；应将模具内的垃圾和杂物清理干净，且封堵金属模板中的缝隙和孔洞、钢筋连接套筒及预埋螺栓孔。

（4）叠合楼板浇筑前应在桁架筋上采取保护措施，防止混凝土浇筑时对桁架筋造成污染，叠合楼板桁架筋上残留的混凝土会影响施工现场叠合层浇筑混凝土后钢筋连接的握裹力，会对建筑的整体结构造成影响（图5-23）。

（5）混凝土浇筑时观察模板、钢筋、预埋件和预留孔洞的情况，当发现有变形、移位时，应立即停止浇筑，并在已浇筑混凝土初凝前对发生变形或移位的部位进行调整，完成后方可进行后续浇筑工作。

图 5-23　浇筑前对桁架筋进行保护

5.11.3　混凝土振捣监理

（1）混凝土振捣形式

混凝土振捣一般分为三种形式，分别为固定模台振捣棒振捣（图 5-24）、固定模台附着式振动器振捣（图 5-25）和流水线振动台振捣（图 5-26）。

图 5-24　手提式振动棒

图 5-25　固定模台上安装的附着式振捣器

图 5-26　欧洲流水线360°振动台

（2）混凝土振捣的注意事项

1）混凝土宜采用机械振捣方式成型；振捣设备应根据混凝土的品种、预制构件的规格和形状等因素确定，应制定振捣成型操作规程。

2）当采用振捣棒时，混凝土振捣过程中应避免碰触钢筋骨架、饰面材和预埋件。

3）混凝土振捣过程中应随时检查模具有无漏浆、变形或预埋件有无移位等现象。

5.11.4　混凝土浇筑面处理监理

1. 压光面

混凝土浇筑振捣完成后，应用铝合金刮尺刮平表面。在混凝土表面临近面干时，用木质抹子对混凝土表面搓光、搓平，然后用铁抹子抹压至表面平整光洁。

2. 粗糙面

（1）预制构件模具面的粗糙面成型可采用预涂缓凝剂工艺，脱模后采用高压水冲洗（图5-27）。

图 5-27　水洗粗糙面

（2）预制构件浇筑面（如叠合面）的粗糙面可在混凝土初凝前进行拉毛处理（图5-28）。

（3）墙板内墙面做内装需毛面的，可在刮平表面面干时，用木抹子搓成毛面。

3. 键槽

预制构件模具面的键槽可以靠模具自身的凸凹面成型。如果需要在浇筑面设置键槽，应在混凝土浇筑后用专用工具压制成型。图5-29是欧洲预应力叠合板侧向结合面构造图（键槽和粗糙面）。

图5-28 预应力叠合板　　图5-29 欧洲预应力叠合板
　　浇筑面粗糙面　　　　　侧面的键槽和粗糙面

4. 抹角

有些预制构件的浇筑面边角需要做成135°抹角，如叠合板上部边角，可以用内模成型，也可以由人工抹成。

5.11.5 信息芯片埋设监理

有些地区强制要求必须在预制构件内埋设信息芯片，用于记录预制构件生产关键信息，以追溯、管理预制构件的生产质量和进度（大部分地区暂无要求）。

1. 芯片的规格

芯片为超高频芯片，外观尺寸一般为 3mm × 20mm ×

80mm（图5-30）。

图5-30　芯片

2. 芯片的埋设监理

芯片录入各项信息后，宜将芯片浅埋在预制构件成型表面，埋设位置宜建立统一规则，便于后期识别读取。埋设方法如下：

（1）竖向预制构件收水抹面时，将芯片埋置在浇筑面中心距楼面60~80cm高处，带窗预制构件则埋置在距窗洞下边20~40cm中心处，并作好标识。

（2）水平构件一般放置在底部中心处，将芯片粘贴固定在平台上，与混凝土整体浇筑。

（3）芯片埋深以贴近混凝土表面为宜，埋深不应超过2cm，具体以芯片供应厂家提供的数据为准（图5-31和图5-32）。

图5-31　芯片埋设示意

图5-32　持PDA扫描芯片示意

5.12 预制夹芯保温板拉结件埋设和保温板铺设监理

相对于普通预制构件来说，预制夹芯保温板的制作工艺较为复杂，难点较多，稍有不慎就可能造成较大的安全隐患，所以本节将预制夹芯保温板的制作监理单列，重点讲述。

预制夹芯保温板浇筑有一次作业法和两次作业法两种方式。如果采用一次作业法制作，作业稍有不慎就可能会对拉结件造成扰动，无法满足锚固要求，质量和安全隐患较大。这里只介绍采用两次作业法制作夹芯保温板时的监理要点。

5.12.1 预制夹芯保温板制作流程

1. 采用 FRP 拉结件的夹芯保温板制作工艺流程（图5-33至 ~5-41）

（第一次作业）模台清理→脱模剂涂擦→模具组装→外叶板钢筋骨架、窗框入模 →放置保护层垫块→ 安装预埋件→隐蔽验收→外叶板混凝土浇筑→浇筑面处理→铺设保温材料→拉结件安装就位→预制构件覆盖→蒸汽养护→（第二次作业）检验外叶板混凝土强度→ 内叶板钢筋骨架入模→ 放置保护层垫块 →安装预埋件→内叶板混凝土浇筑→浇筑面处理→预制构件覆盖→蒸汽养护→脱模起吊。

图 5-33 模台清理

图 5-34 外叶板钢筋骨架就位

图 5-35 安装预埋件

图 5-36 外叶板混凝土浇筑

图 5-37 铺设保温材料

图 5-38 安装拉结件

图 5-39 养护后内叶板钢筋骨架就位

图 5-40 内叶板混凝土浇筑

图 5-41 浇筑面处理

2. 采用金属拉结件的夹芯保温板制作工艺流程（图5-42～图5-50）

（第一次作业）模台清理→脱模剂涂擦→模具组装→外叶板钢筋骨架、窗框入模→放置保护层垫块→安装拉结件并与外叶板钢筋连接→安装预埋件→隐蔽验收→外叶板混凝土浇筑→浇筑面处理→预制构件覆盖→蒸汽养护→

图5-42　外叶板钢筋骨架就位

（第二次作业）检验外叶板混凝土强度→铺设保温材料→内叶板钢筋骨架入模→放置保护层垫块→拉结件与内叶板钢筋连接→安装预埋件→内叶板混凝土浇筑→浇筑面处理→预制构件覆盖→蒸汽养护→脱模起吊。

图5-43　金属拉结件与外叶板钢筋骨架固定

图5-44　外叶板混凝土浇筑

图5-45　养护后铺设保温材料

图5-46　内叶板钢筋骨架就位

图 5-47　金属拉结件与内叶
　　　　板钢筋骨架固定

图 5-48　保温板调整与固定

图 5-49　内叶板混凝土浇筑

图 5-50　浇筑面处理

5.12.2　拉结件埋设监理

夹芯保温板主要采用拉结件将内外叶板连接。在预制构件成型过程中，应确保拉结件的锚固长度，以保证混凝土与拉结件间的有效握裹力。

1. FRP 拉结件的埋设监理要点

（1）FRP 拉结件应采用插入的方式进行埋设。

（2）在外叶板混凝土浇筑后，于初凝前插入拉结件，防止拉结件在混凝土开始凝结后插不进去，或虽然插进去但混凝土握裹不住拉结件。

（3）不应直接将拉结件插入保温板，而是要预先在保温板上钻孔后插入，在插入过程中应使 FRP 塑料护套与保温材料表面平齐并旋转 90°。插入拉结件后，应在顶端轻击数下，振实周边混凝土，确保混凝土与拉结件握裹良好。

（4）严禁保温板未钻孔隔着保温板插入拉结件，这样的插入方式会把保温板破碎的颗粒带入混凝土中，破碎颗粒与混凝土共同包裹拉结件会直接削弱拉结件的锚固力，造成安全隐患。

（5）应根据采用拉结件的不同，注意确保每种拉结件在内、外叶板中的有效锚固长度。拉结件在混凝土中的锚固方式应当有充分可靠的试验结果支持，外叶板厚度较薄，一般只有60mm厚，最薄的板只有50mm厚，对锚固的不利影响应考虑充分。

2. 金属拉结件的埋设监理要点

（1）金属类拉结件应采用预埋的方式进行埋设。

（2）在外叶板混凝土浇筑前，在金属拉结件的连接孔内穿入钢筋与外叶板钢筋骨架进行绑扎连接（图5-43），浇筑好混凝土后严禁扰动拉结件。

（3）二次作业法采用垂直状态的金属拉结件时，可轻压保温板使其直接穿过拉结件；当使用非垂直状态金属拉结件时，保温板应预先开槽后再铺设，需对铺设过程中损坏部分的保温材料补充完整。

（4）在内叶板混凝土浇筑前，在金属拉结件的连接孔内穿入钢筋与内叶板钢筋骨架进行绑扎连接（图5-47），浇筑好混凝土后严禁扰动拉结件。

5.12.3 保温板铺设监理

（1）根据设计要求选择合格的保温板。

（2）按图纸尺寸切割保温板并编号，保证切口平整，尺寸准确，并预拼装（图5-51）。

（3）根据设计图使用专业工具在保温板上对拉结件进行开孔或开槽。

（4）将加工好的保温板按布置图中的编号依次安装，保温板应从四周开始往中间铺设（图 5-52）。

图 5-51　保温板剪裁及预拼装　　　　图 5-52　保温板铺设

（5）对于保温板接缝或拉结件留孔的空隙在拉结件安装后用聚氨酯发泡等方式进行填充。

（6）保温板安装完成后检查整体平整度，对有凹凸不平的地方应及时处理。

5.12.4　内叶板浇筑监理

（1）外叶板经养护达到脱模强度后，放入内叶板钢筋骨架，安装预埋件，并按设计要求控制好内叶板钢筋骨架与保温板之间的保护层厚度。

（2）如采用金属拉结件，需要将拉结件与内叶板钢筋骨架固定（图 5-47）；采用 FRP 拉结件应避免碰撞造成松动。

（3）进行内叶板混凝土浇筑（图 5-40 和图 5-49），混凝土放料时不得局部大量堆积，防止破坏保温板平整度或损坏保温板。

（4）采用振动棒振捣时，严禁振捣棒触及保温板、拉结件和预埋件。

（5）浇筑完成后根据图样要求处理浇筑面（图 5-41 和图 5-50）。

5.13 预制构件养护监理

5.13.1 蒸汽养护流程

蒸汽养护是预制构件生产最常用的养护方式之一。根据《装标》中的有关规定，蒸汽养护应采用能自动控制温度的设备，其养护流程为：预养护→升温→恒温→降温（图 5-53）。

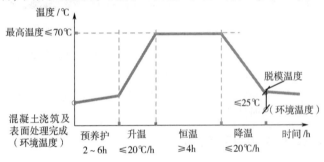

图 5-53 蒸汽养护流程曲线图

1. 预养护

预养护是混凝土浇筑及表面处理完成至蒸汽养护开始前的时间，也称为静停，预养护的时间宜为 2~6h。

2. 升温

开启蒸汽，使养护窑或养护罩内的温度缓慢上升，升温阶段应控制升温速率不超过 20℃/h。

3. 恒温

根据实时温度，设备自动控制蒸汽的开启与关闭，使养护窑或养护罩内的温度恒定。恒温阶段的最高温度不应超过70℃，夹芯保温板最高养护温度不宜超过60℃，梁、柱等较厚的预制构件最高养护温度宜控制在40℃以内。恒温时间应在4h以上。

4. 降温

关闭蒸汽，使养护窑或养护罩内的温度缓慢下降。降温阶段应控制降温速率不超过20℃/h。预制构件出养护窑或撤掉养护罩时，其表面温度与环境温度差值不应超过25℃。

5.13.2 蒸汽养护的分类及监理要点

1. 养护窑集中蒸汽养护

养护窑集中蒸汽养护（图5-54）适用于流水线工艺。

图 5-54 养护窑集中蒸汽养护

（1）在自动控制系统上设置好养护的各项参数。养护的最高温度应根据预制构件类型和季节等因素来设定。

（2）养护过程中，应设专人监控养护效果。

（3）预制构件脱模前，应再次检查养护效果，通过同条件试块抗压试验并结合预制构件表面状态的观察，确认预制构件达到脱模所需强度。

（4）养护窑集中蒸汽养护常见的一个问题就是养护窑内的温度过高，预制构件进出养护窑时的温差过大，如果没有图5-53所示的缓慢升温或者缓慢降温的过程，很容易导致构件裂缝。

2. 固定模台蒸汽养护监理

固定台模蒸汽养护（图5-55）宜采用全自动多点自动控温设备进行温度控制，固定模台蒸汽养护监理要点主要有以下几点：

（1）养护罩应具有较好的保温效果且不得有破损、漏气等。

（2）应设"人"字形或"Ⅱ"形支架将养护罩架起，盖好养护罩，四周应密封好，不得漏气。

（3）在罩顶中央处设置好温度检测探头。

（4）在温控主机上设置好蒸汽养护参数，包括蒸汽养护的模台、预养护时间、升温速率、最高温度、恒温时间、降温速率等（图5-56），养护最高温度可参照第5.13.1节的方法进行设定。

图 5-55　固定模台蒸汽养护

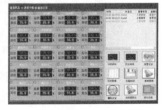

图 5-56　蒸汽控制系统主界面

（5）蒸汽养护的全过程，应设专人操作和监控，并检查养护效果。

5.13.3　自然养护监理

自然养护（图 5-57）可以降低预制构件生产成本，当预制构件生产有足够的工期或环境温度能确保次日预制构件脱模强度满足要求时，应优先采取自然养护的方式。自然养护监理要点主要有以下几点：

（1）在养护的预制构件上盖上不透气的塑料或尼龙薄膜，处理好周边封口（图 5-57）。

（2）必要时在上面加盖较厚实的帆布或其他保温材料，减少温度散失。

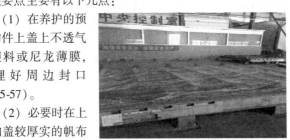

图 5-57　覆膜自然养护

（3）让预制构件保持覆盖状态，中途应定时观察薄膜内的湿度，必要时应适当淋水。

（4）直至预制构件强度达到脱模强度后方可撤去预制构件上的覆盖物，结束自然养护。

5.14　预制构件修补和表面处理监理

5.14.1　预制构件修补原则

（1）预制构件的外观质量缺陷根据其影响结构性能、安装和使用功能的严重程度，可按表 3-9 规定划分为严重缺陷和一般缺陷。当预制构件出现无法修补的严重缺陷时须按报废处理。一般缺陷的修补需提前报验，且须经总监理工程师批准后方可实施修补。

（2）超过尺寸偏差且影响结构性能和安装、使用功能的部件须经原设计单位认可，并制定技术处理方案，方可进行修补处理并重新检查验收。

（3）要求预制构件工厂提报预制构件修补和表面处理方案，并经过现场总监理工程师和工程师审核。

（4）要求预制构件工厂对现场专业修补人员资质、修补工具和修补材料进行报验，驻厂监理工程师进行审核。

（5）定期抽查预制构件工厂现场修补工具和修补材料是否齐全且符合要求。

（6）要求预制构件工厂对需要修补和表面处理的预制构件进行报验。

（7）监督修补后预制构件的养护过程。

（8）修补后的预制构件需构件厂质检及监理工程师验收合格方可转入合格区存放，具体流程（图5-58）。

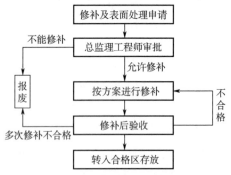

图5-58　构件修补及表面处理流程

（9）针对修补和表面处理及报废处理预制构件相关资料须进行存档备案，做到有据可查。

5.14.2 预制构件表面处理监理

预制构件的表面处理是指清水混凝土、装饰混凝土和饰面材的预制构件的表面处理，以达到自清洁、耐久和美观。

1. 清水混凝土预制构件的表面处理

（1）擦去浮灰。

（2）有油污的地方可采用清水或 5% 的磷酸溶液进行清洗。

（3）用干抹布将清洗部位表面擦干，观察清洗效果。

（4）如果需要，可以在清水混凝土预制构件表面涂刷混凝土保护剂。保护剂的涂刷是为了增加自洁性，减少污染。保护剂一般在施工现场预制构件安装后进行涂刷。

2. 装饰混凝土预制构件的表面处理

（1）用清水冲洗预制构件表面。

（2）用刷子均匀地将稀释的盐酸溶液（浓度低于 5%）涂刷到预制构件表面。

（3）涂刷 10 分钟后，用清水把盐酸溶液擦洗干净。

（4）如果需要，干燥以后，可以涂刷防护剂。

3. 饰面材预制构件的表面处理

饰面材预制构件包括石材反打预制构件、装饰面砖反打预制构件等。饰面材预制构件表面清洁通常使用清水清洗，清水无法清洗干净的情况下，再用低浓度磷酸清洗。

5.15 预制构件存放监理

预制构件存放是预制构件制作过程的一个重要环节，造成预制构件断裂、裂缝、翘曲、倾倒等质量和安全问题的一个很重要的原因就是存放不当。

5.15.1 预制构件存放方式及要求

预制构件一般按品种、规格型号、检验状态分类存放，不同的预制构件存放的方式和要求也不一样，以下给出常见预制构件存放的方式及要求。

1. 叠合楼板存放方式及要求

（1）叠合楼板宜平放，叠放层数不宜超过 6 层。存放叠合楼板应按同项目、同规格型号分别叠放（图 5-59），叠合楼板不宜混叠，如果确需混叠应进行专项设计，避免造成裂缝等。

图 5-59　相同规格型号的叠合楼板叠放实例

（2）叠合楼板存放应保持平稳，底部应放置垫木或混凝土垫块，垫木或垫块应能承受上部叠合楼板的重量而不致损坏。垫木或垫块厚度应高于吊环或支点。

（3）叠合楼板叠放时，各层支点在纵横方向上均应在同一垂直线上（图 5-60），支点位置设置原则上应由设计确定。

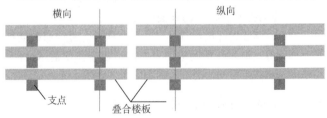

图 5-60　叠合楼板各层支点在纵横方向上均在同一垂直线上示意图

2. 楼梯存放方式及要求

（1）楼梯宜平放，叠放层数不宜超过 4 层，宜按同项目、同规格、同型号分别叠放。

（2）应合理设置垫块位置，确保楼梯存放稳定，支点与吊点位置须一致（图 5-61）。

图 5-61　楼梯支点位置

（3）起吊时防止端头磕碰（图 5-62）。

（4）楼梯采用侧立存放时（图 5-63）应做好防护，防止倾倒，存放层高不宜超过 2 层。

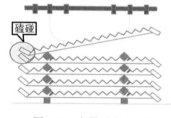

图 5-62　起吊时防止磕碰

图 5-63　楼梯侧立存放

3. 内外墙板、挂板存放方式及要求

（1）对侧向刚度差、重心较高、支承面较窄的预制构件，如内外墙板、挂板等预制构件宜采用插放或靠放的存放方式。

（2）插放即采用架立式存放，存放架及支撑挡杆应有足够的刚度，应靠稳垫实（图5-64）。

（3）当采用靠放架立放预制构件时，靠放架应具有足够的承载力和刚度。靠放架应放平稳，靠放时必须对称靠放和吊运，预制构件与地面倾斜角度宜大于80°，预制构件上部宜用木块隔开（图5-65）。靠

图5-64　立放法存放的外墙板

放架的高度应为预制构件高度的2/3以上（图5-66）。有饰面的墙板采用靠放架立放时饰面需朝外。

图5-65　靠放法存放的外墙板

图5-66　靠放法使用的靠放架

（4）预制构件采用立式存放时，薄弱预制构件、预制构件的薄弱部位和门窗洞口应采取防止变形开裂的临时加固措施。

4. 梁和柱的存放方式及要求

（1）梁和柱宜平放，具备叠放条件的，叠放层数一般不超过3层。

（2）一般用枕木（或方木）作为支撑垫木，支撑垫木应置于吊点下方或吊点下方的外侧。

（3）两个枕木（或方木）之间的间距不小于叠放高度的1/2。

（4）各层枕木（或方木）的相对位置应在同一条垂直线上（图5-67）。

裂缝

叠合梁构件

图5-67　上层支撑点位于下层支撑点边缘，
造成梁上部裂缝示意图

5. 其他预制构件存放方式及要求

（1）规则平板式的空调板、阳台板等板式预制构件存放方式及要求参照叠合楼板存放方式及要求。

（2）不规则的阳台板、挑檐板、曲面板等预制构件应采用单独平放的方式存放。

（3）预制飘窗应设有支架立式存放或加支撑、拉杆稳固。

（4）梁柱一体三维预制构件存放应当设置防止倾倒的专用支架。

（5）L形预制构件存放如图5-68和图5-69所示。

图5-68　L形板存放实例（一）

（6）槽形预制构件的存放如图5-70所示。

图 5-69　L形板存放实例（二）　　　图 5-70　槽形板存放实例

（7）大形预制构件、异形预制构件的存放须按照设计方案执行。

（8）预制构件的不合格品及废品应暂放在单独区域，并做好明显标识，严禁混放。

5.15.2　插放架、靠放架、垫方和垫块要求

预制构件存放时，根据不同的构件类型采用插放架、靠放架、垫方或垫块来固定和支垫。

（1）插放架、靠放架以及一些预制构件存放时使用的托架应由金属材料制成，须进行专门设计，其强度、刚度、稳定性应能满足预制构件存放的要求。

（2）靠放架的支撑高度应为所存放预制构件高度的 2/3以上。

（3）枕木（木方）一般用于柱、梁等较重预制构件的支垫，应根据预制构件重量选用适宜规格的枕木（木方）。

（4）垫木一般用于楼板等平层叠放的板式预制构件及楼梯的支垫，垫木一般采用 100mm × 100mm 的木方，长度根据具体情况选用，板类预制构件宜选用长度为 300 ~ 500mm 的木方，楼梯宜选用长度为 400 ~ 600mm 的木方。

（5）如果用木板支垫叠合楼板等预制构件，木板的厚度

不宜小于 20mm。

（6）混凝土垫块适用范围较广，宜采用尺寸不小于 100mm 的立方体，垫块的混凝土强度不宜低于 C40。

（7）放置在垫方与垫块上面用于保护预制构件表面的隔垫软垫，应采用白橡胶皮等无污染的软垫。

5.15.3 预制构件存放的防护

（1）预制构件存放时相互之间应有足够的空间，防止吊运、装卸等作业时相互碰撞造成损坏。

（2）预制构件外露的金属预埋件应镀锌或涂刷防锈漆，防止锈蚀及污染预制构件。

（3）预制构件外露钢筋应采取防弯折、防锈蚀措施，对已套丝的直螺纹钢筋盖好保护帽以防碰坏螺纹，达到防腐、防锈的效果。

（4）预制构件外露保温板应采取防止开裂措施。

（5）预制构件的钢筋连接套筒、浆锚孔、预埋孔洞等应采取防止堵塞的临时封堵措施。

（6）预制构件存放支撑的位置和方法，应根据其受力情况确定，但不得超过预制构件承载力而造成预制构件损伤。

（7）预制构件存放处 2m 内不应进行电焊、气焊、油漆喷涂等作业，以免对预制构件造成污染。

（8）预制墙板门框、窗框表面宜采用塑料贴膜或者其他措施进行防护；预制墙板门窗洞口线角宜用槽形木框保护。

（9）清水混凝土预制构件、装饰混凝土预制构件和有饰面材的预制构件应制定专项防护措施方案，全过程进行防尘、防油、防污染、防破损；棱角部分可采用角形塑料条进行保护。

（10）清水混凝土预制构件、装饰混凝土预制构件和有饰面材的预制构件平放时要对垫木、垫方、枕木（或方木）

等与预制构件接触的部分采取隔垫措施（图 5-71 ~ 图 5-73）。

图 5-71 反打瓷砖的墙板垫块 　图 5-72 垫块上放置塑料隔离垫
上放置塑料隔离垫

图 5-73 垫木上放置泡沫等松软材质的隔垫

5.16 预制构件验收

5.16.1 主控项目和一般项目

预制构件检验项目分为主控项目和一般项目。对安全、节能、环境保护和主要使用功能起决定性作用的检验项目为主控项目。除主控项目以外的检验项目为一般项目。

预制构件验收的主控项目和一般项目检验项目和标准见表 5-6。

表 5-6 预制构件验收的主控项目和一般项目检验一览

类别	项目	检验内容	依据	性质	数量	检验方法
套筒	位置误差	型号、位置、注浆孔是否堵塞	—	主控项目	全数	插入模拟的伸出钢筋检验模板
伸出钢筋	位置、直径、种类、伸出长度	型号、位置、长度	制作图	主控项目	全数	尺量
保护层厚度	保护层厚度	检验保护层厚度是否达到图样要求	制作图	主控项目	抽查	保护层厚度检测仪
严重缺陷	纵向受力钢筋有露筋、主要受力部位有蜂窝、孔洞、夹渣、疏松、裂缝	检验构件外观	制作图	主控项目	全数	目测
一般缺陷	有少量漏筋、蜂窝、孔洞、夹渣、疏松、裂缝	检验构件外观	制作图	一般项目	全数	目测

类别	项目	检验内容	依据	性质	数量	检验方法
尺寸偏差	构件外形尺寸	检验构件尺寸是否与图样要求一致	制作图	一般项目	全数	用尺测量
受弯构件结构性能	承载力、挠度、裂缝	承载力、挠度，抗裂、裂缝宽度	《混凝土结构工程施工质量验收规范》（GB 50204—2015）	主控项目	1000件不超过3个同一月产的类型产品为一批	构件整体受力试验
粗糙面	粗糙度	预制板粗糙面面凹凸深度不应小于4mm，预制梁端、预制柱端、预制墙端粗糙面面凹凸深度不应小于6mm，粗糙面的面积不宜小于80%结合面	《混凝土结构设计规范》（GB 50010—2010）（2015年版）	一般项目	全数	目测及尺量

类别	项目	检验内容	依据	性质	数量	检验方法
键槽	尺寸误差	位置、尺寸、深度	图样与《装配式混凝土建筑技术标准》（GB/T 51231—2016）、《装配式混凝土结构技术规程》（JGJ 1—2014）	一般项目	抽查	目测及尺量
预制外墙板淋水	渗漏	淋水试验应满足下列要求：淋水流量不应小于 5L/（m·min），淋水试验时间不应少于 2h，检测区域不应有遗漏部位。淋水试验结束后，检查背水面有无渗漏	—	一般项目	抽查	淋水检验
构件标识	构件标识	标识上应注明构件编号、生产日期、使用部位、混凝土强度、生产厂家等	按照构件编号、生产日期等	一般项目	全数	逐一对标识进行检查

177

5.16.2　见证检验项目

见证检验是在监理或建设单位见证下，按照有关规定从制作现场随机取样，送至具备相应资质的第三方检测机构进行检验。见证检验也称为第三方检验。预制构件见证检验项目包括以下几方面内容：

（1）混凝土强度试块取样检验。

（2）钢筋取样检验。

（3）钢筋套筒取样检验。

（4）拉结件取样检验。

（5）预埋件取样检验。

（6）保温材料取样检验。

5.16.3　预制构件外观质量检查

预制构件外观质量缺陷可根据其影响结构性能、安装和使用功能的严重程度，划分为严重缺陷和一般缺陷，见表3-9。

预制构件出模后应及时对其外观质量进行全数目测检查，并重点检查以下几方面内容：

（1）驻场监理应检查预制构件表面是否存在蜂窝、孔洞、夹渣、疏松。

（2）检查表面层装饰质感。

（3）检查构件表面是否存在裂缝（图5-74）。

图 5-74　构件表面裂缝

（4）检查构件是否存在破损。

5.16.4 预制构件尺寸检查

预制构件尺寸偏差及预留孔、预留洞、预埋件、预留插筋、键槽的位置和检验方法应符合表 3-10～表 3-13 的规定。预制构件有粗糙面时，与预制构件粗糙面相关的尺寸允许偏差可放宽 1.5 倍。

5.16.5 预制构件制作档案目录

根据《装标》的规定，预制构件的资料应与产品生产同步形成、收集和整理，归档资料宜包括以下几方面内容：

（1）预制构件加工合同。

（2）预制构件加工图、设计文件、设计洽商、变更或交底文件。

（3）生产方案和质量计划等文件。

（4）原材料质量证明文件、复试试验记录和试验报告。

（5）混凝土试配资料。

（6）混凝土配合比通知单。

（7）混凝土开盘鉴定。

（8）混凝土强度报告。

（9）钢筋检验资料、钢筋接头的试验报告。

（10）模具检验资料。

（11）预应力施工记录。

（12）混凝土浇筑记录。

（13）混凝土养护记录。

（14）构件检验记录。

（15）构件性能检测报告。

（16）构件出厂合格证。

（17）质量事故分析和处理资料。

（18）其他与预制构件生产和质量有关的重要文件资料。

除此之外，根据经验并参考辽宁省地方标准《装配式混凝土结构构件制作、施工与验收规程》（DB21/T 2568—2016），还应包括以下几方面内容：

（1）灌浆套筒抗拉强度试验报告。

（2）保温拉结件的试验验证报告。

（3）浆锚搭接成孔的试验验证报告。

（4）驻厂监理的检查记录。

（5）隐蔽工程验收档案，见第 5.8 节。

（6）需要照片或视频存档的档案。

（7）关键质量脆弱点如夹芯保温板的内外叶板之间的拉结件安放完后进行的拍照记录。

5.16.6 预制构件出厂证明文件

（1）出厂合格证，《装标》中提供了预制构件出厂合格证（范本），见表 5-7。

表 5-7 预制构件出厂合格证（范本）

预制混凝土构件出厂合格证		资料编号	
工程名称及使用部位		合格证编号	
构件名称	型号规格		供应数量
制造厂家		企业等级证	
标准图号或设计图号		混凝土设计强度等级	

混凝土浇筑日期		至	构件出厂日期	
性能检验评定结果	混凝土抗压强度		主筋		
	试验编号	达到设计强度/（%）	试验编号	力学性能	工艺性能
	外观		面层装饰材料		
	质量状况	规格尺寸	试验编号	试验结论	
	保温材料		保温连接件		
	试验编号	试验结论	试验编号	试验结论	
	钢筋连接套筒		结构性能		
	试验编号	试验结论	试验编号	试验结论	
备注				结论：	
供应单位技术负责人		填表人		供应单位名称（盖章）	
填表日期：					

（2）混凝土强度检验报告。

（3）钢筋套筒等其他钢筋连接类型的工艺检验报告。

（4）合同要求的其他质量证明文件。

5.17 预制构件装车与运输环节监理

5.17.1 预制构件运输方式

预制构件的运输宜选用低底盘平板车（13m 长）或低底

盘加长平板车（17.5m 长）。梁、柱、楼板、楼梯、阳台板等预制构件宜采用水平运输方式；墙板类预制构件宜采用立式运输方式。

1. 立式运输

在低底盘平板车上放置专用运输架，墙板对称靠放（图5-75）或者插放（图5-76）在运输架上。

图 5-75　墙板靠放立式运输　　　　图 5-76　墙板插放立式运输

对于内、外墙板等竖向预制构件多采用立式运输方式。

立式运输的优点是装卸方便、装车速度快、运输时安全性较好；缺点是预制构件的高度或运输车底盘高度较高时可能会超高，在限高路段无法通行。

2. 平层叠放运输

平层叠放运输是将预制构件平放在运输车上，且叠放在一起进行运输。

叠合楼板、阳台板、楼梯及梁、柱等预制构件通常采用平层叠放运输方式（图5-77 ~ 图5-81）。

图 5-77　叠合楼板叠放运输

图 5-78　预应力叠合板叠放运输

图 5-79　预制梁运输

图 5-80　预制柱运输

图 5-81　预制楼梯运输

　　梁、柱等预制构件叠放层数不宜超过 3 层；预制楼梯叠放层数不宜超过 4 层；板类预制构件叠放层数不宜超过 6 层。

　　平层叠放运输的优点是装车后重心较低、运输安全性好、一次能运较多的预制构件；缺点是对运输车底板平整度及装车时支垫位置、支垫方式以及装车后的固定等要求较高。

3. 异形预制构件和大型预制构件运输

　　异形预制构件及大型预制构件须按设计要求进行运输（图 5-82）。

图 5-82　双莲藕梁运输

5.17.2 预制构件装卸和运输方案

驻厂监理工程师应事先审核预制构件装卸和运输方案，并重点检查以下几方面内容：

（1）审核吊装过程中的质量、安全保证措施。

（2）审核临时码放的质量、安全保证措施。

（3）审核装车、封车、固定的质量及安全保证措施。

（4）审核成品保护措施是否合理、完善。

（5）审核运输路线是否合理，是否配备路线图。

第6章　装配式混凝土建筑施工现场监理

本章讲述监理人员如何开展装配式混凝土建筑施工现场监理工作，主要包括施工现场监理工作内容与关键环节（6.1）、预制构件安装与连接方案审核（6.2）、预制构件进场验收（6.3）、安装灌浆材料进场验收（6.4）、预制构件卸车与临时存放监理（6.5）、安装前准备与检查监理（6.6）、预制构件安装前放线监理（6.7）、预制构件单元试安装监理（6.8）、预制构件安装作业监理（6.9）、临时支撑系统监理（6.10）、预制构件连接灌浆作业监理（6.11）、后浇混凝土监理（6.12）和预制构件接缝处理监理（6.13）。

6.1　施工现场监理工作内容与关键环节

6.1.1　监理依据

除了依据现浇混凝土建筑相关规范进行监理外，还要依据装配式建筑特有的规范进行监理，详见表3-1。

6.1.2　现场监理程序

现场监理程序为：审核装配式建筑施工专项方案→编制监理实施细则→装配式建筑预制构件安装定位复核→预制构件进场验收→标定位置控制线→吊装令签发→吊装就位、矫正验收→灌浆旁站→首段安装验收→防渗漏检查→分项工程验收。

6.1.3　现场监理主要工作内容

装配式建筑现场监理内容见表2-2。

6.1.4 现场监理关键环节

（1）预制构件安装与连接方案审核。

（2）预制构件进场验收。

（3）安装及灌浆材料进场验收。

（4）吊装前检查。

（5）预制构件安装作业施工监理。

（6）预制构件连接作业施工监理。

（7）预制构件连接接缝防水和防火施工监理。

6.2 预制构件安装与连接方案审核

6.2.1 装配式混凝土建筑连接方式

装配式混凝土建筑连接分类及简介详见第1.5节内容。

6.2.2 装配式建筑后浇混凝土连接方式的使用范围

装配式建筑后浇混凝土连接方式的使用范围见表6-1。

6.2.3 专项方案审核

施工前，施工单位应编制预制构件安装与连接专项方案。监理单位对专项方案的审核要点如下：

（1）施工管理人员应有管理资质，吊装等特殊工种人员应持证上岗，灌浆操作工人应经过培训并获得上岗证。

（2）起重设备选型是否满足最重预制构件吊装需求（以塔式起重机位置距预制构件安装位置的距离与预制构件重量乘积作为依据）；起重机械附着点位置和连接方式是否合理，尤其注意附着点位于预制构件时，需等待预制构件连接达到

表 6-1 装配式建筑后浇混凝土连接方式的使用范围

序号	连接方式		示意图	适用部位
1	机械套筒连接	1.1 螺纹套筒	螺纹钢筋　灰浆注入孔　耦合器	适用于梁与梁、柱子与梁的连接
		1.2 挤压套筒	带肋钢筋　套筒	适用于梁与梁的连接
2	注胶套筒连接			适用于梁与梁的连接
3	灌浆套筒连接		密封圈　灌浆套筒　钢筋　密封圈　钢筋　水泥基灌浆料	适用于梁与梁、柱子与梁的连接

序号	连接方式	示意图	适用部位
4	搭接绑扎	4.1 叠合梁、叠合板上部钢筋绑扎		适用于叠合梁、叠合板的上部连接
		4.2 直筋搭接		适用于梁的钢筋连接，柱与梁的连接
		4.3 环形筋搭接		适用于剪力墙板的水平连接

188

（续）

序号	连接方式		示意图	适用部位
5	钢筋焊接			适用于叠合楼板之间的连接、剪力墙钢筋的横向连接、叠合梁、叠合板钢筋的连接
6	钢筋锚板			适用于支座内锚固
7	竖向钢筋插筋	7.1 环形筋插入竖筋		适用于多层剪力墙板之间的连接
		7.2 环形钢索插入竖筋	（墙板、钢丝绳套插筋）	适用于多层剪力墙板之间的连接

强度要求（一般要求设计确认）。

（3）吊装时使用的吊具设计是否满足吊装要求。

（4）灌浆设备能力是否满足施工进度要求。

（5）现场小型工具清单（如测量工具、临时支撑及镜子等）数量是否满足施工要求。

（6）施工材料准备是否齐全（例如灌浆料、座浆料等）。

（7）预制构件进场道路与场地布置是否合理。应考虑运输车转弯半径（一般不小于15m）、塔式起重机起吊点、物料提升机位置、施工便道及卸货车停靠因素，减少交叉作业。

（8）预制构件存放区是否满足存放要求。应有隔离围栏、下部结构承载力及货架应有验算资料。

（9）预制构件进场检查验收程序，复核质保书，查验吊点隐蔽验收记录、混凝土强度报告、外观检查等。对于预制构件直接从车上吊装，也应明确检查内容。

（10）预制构件安装测量方法。

（11）预制构件安装工艺流程，试安装单元的位置范围以及首段验收部位。

（12）预制构件吊装方法。

（13）预制构件外架体安全防护措施是否满足高处作业安全要求。专用操作平台、脚手架及吊篮等辅助设施应验收合格后挂牌。

（14）预制构件吊装顺序。预制柱宜按角柱、边柱、中间柱顺序安装，与现浇连接的柱先行吊装，接着依次吊装墙板、梁、叠合板、阳台板、楼梯及飘窗等预制构件。

（15）临时支撑安装和拆除要求。支撑安装位置按设计预埋件位置，拆除时应履行拆除审批手续，应在项目技术负责人和总监理工程师签字后进行，并应在本层灌浆料拌合物和后浇混凝土达到设计强度后进行，拆除顺序按专项方案要求进行，当只拆除部分支撑结构时，应先对不拆除部分进行加固，确保稳定。

(16) 预制构件安装隐蔽验收项目。

(17) 安装误差检查与调整方法。

(18) 后浇部分与预制构件连接部位施工方法。

(19) 后浇部分模板加固措施。

(20) 内装修、水电专业协调施工方法。

(21) 灌浆作业流程。

(22) 灌浆套筒试件留置方案及试验程序。

(23) 灌浆料进场，应模拟施工条件制作工艺接头试件，每种规格 1000 个为一批，制作 3 个对中连接接头，并制作不少于 1 组灌浆料强度试块，共同养护 28d，作接头抗拉、屈服强度及残余变形试验。

(24) 预制构件缺陷修补措施。

(25) 装配式混凝土建筑结构验收程序。

(26) 装配式混凝土建筑工程验收文件和记录整理。

6.3 预制构件进场验收

6.3.1 预制构件进场验收概述

装配式建筑预制构件大多在工厂制作，并在出厂前进行了出厂检查，不合格预制构件不允许出厂。但在出厂合格后，由于运输、装卸过程中可能造成的损坏，因此在进入施工现场时也应进行检查。

(1) 检查预制构件外观严重缺陷的内容

1）影响结构性能或使用功能的裂缝。

2）连接部位有影响使用功能或装饰效果的外形缺陷。

3）具有重要装饰效果的清水混凝土构件表面有外表缺陷等。

4）石材反打、装饰面砖反打和装饰混凝土表面影响装饰效果的外表缺陷等。

（2）检查预制构件外观一般缺陷的内容

1）不影响结构性能或使用功能的裂缝。

2）连接部位有基本不影响结构传力功能的缺陷。

3）不影响使用功能的外形缺陷和外表缺陷。

以上所有缺陷问题，必须由预制构件厂专业技术人员进行处理，预制构件如存在上述严重缺陷，不能安装，技术处理方案须经监理单位同意后方可进行处理；对连接部位的严重缺陷及其他影响结构安全的严重缺陷，技术处理方案尚应经设计单位认可，处理后的预制构件应重新验收。

（3）检查预制构件质量证明文件的内容

1）原材料质量证明文件、复试试验记录和试验报告。

2）混凝土强度检验报告。

3）钢筋接头的试验报告。

4）预制构件检验记录。

5）楼梯、梁、板等简支预制构件结构性能检测报告。

6）预制构件出厂合格证（型号、数量、检验人、出厂日期）。

7）钢筋套筒等其他预制构件钢筋连接类型的工艺检验报告。

8）合同要求的其他质量证明文件。

（4）标识检查

预制构件的标识内容包括制作单位、预制构件编号、型号、规格、强度等级、生产日期和质量验收标识等。

（5）检查预制构件安装过程中重点的注意事项

1）外伸钢筋须检查钢筋类型、直径、数量、位置和外伸长度是否符合设计要求。

2）全数检查套筒和浆锚孔数量、位置及套筒内是否有异物堵塞。

3）全数检查钢筋连接孔数量、位置以及预留洞内是否有异物堵塞。

4）全数检查预埋件数量、位置、锚固情况。

5）全数检查预埋防雷引下线数量、位置、外伸长度，避雷引下线安装位置。

6）全数检查预埋管线数量、位置以及管内是否有异物堵塞。

7）全数检查吊点预埋是否正确。

（6）预制构件直接从车上吊装，一般应对数量、规格、型号、质量证明文件进行核实，检查吊点质量情况和初步外观质量，检验合格弹控制线后，可将预制构件吊离车体，距地面60cm处稍作停留，继续进行外观检查及预留预埋位置等检查，合格后直接吊装到安装位置。

6.3.2　预制集成化建筑部品进场检查内容

集成化建筑部品有集成式卫浴、集成式厨房、集成式整体收纳柜和内隔墙板等。预制集成式建筑部品进场后，监理工程师应重点检查以下几方面内容。

（1）检查部品和配套材料的出厂合格证和出场检验报告。

（2）所有原材料的出厂合格证、出场检验报告和涉及复试的内容应有复试报告。

（3）检查工厂制作过程中所有的隐蔽项目的验收记录，具体包括以下几方面内容：

1）预埋件。

2）与主体结构的连接节点。

3）与主体结构之间的封堵构造节点。

4）变形缝及墙面转角处的构造节点。

5）水电线管隐蔽结构等。

（4）检查连接件材料和锚栓拉拔强度等检验报告。

（5）检查原材料性能的试验和测试的报告，主要包括以下几方面内容：

1）饰面砖（板）的粘结强度测试，每100个预制部件应有一组报告，粘结强度平均值大于或等于0.6MPa，一组中可允许有一个试件最小值大于或等于0.4MPa。

2）板接缝及外门窗部位的现场淋水试验。

3）门窗的五项物理性能，即气密性、水密性、抗风压性、保温性和隔声性。

4）涉及部品原材料的防火性能检测。

（6）检查部品的尺寸和接口误差。

（7）检查部品外观质量。

6.4 安装及灌装材料进场验收

装配式建筑中施工时主要验收涉及影响结构和施工安全的安装及灌浆材料，如灌浆料、座浆料、平台连接件五金件、钢筋、混凝土、支撑体系及现场用连接套筒等。其重点检查内容包括以下几方面：

（1）检查灌浆料、座浆料等原材料：产品合格证、物理性能检测报告和保质期等。灌浆料、座浆料技术性能参数见表 6-2 ~ 表 6-4。

表 6-2　套筒灌浆料技术性能参数

项目		性能指标
流动度/mm	初始	≥300
	30min 保留值	≥260
抗压强度/MPa	1d	≥35
	3d	≥60
	28d	≥85
竖向膨胀率（%）	3h	≥0.02
	24h 与 3h 的膨胀率之差	0.02 ~ 0.5
氯离子含量（%）		≤0.03
泌水率（%）		0

表 6-3　浆锚搭接灌浆料性能参数

项目		性能指标
流动度/mm	初始值	≥200
	30min 保留值	≥150
抗压强度/MPa	1d	≥35
	3d	≥55
	28d	≥80
竖向膨胀率（%）	3h	≥0.02
	24h 与 3h 的膨胀率之差	0.02 ~ 0.5
氯离子含量（%）		≤0.06
泌水率（%）		0

表 6-4　座浆料性能参数

项目	技术指标	试验标准
胶砂流动度/mm	130～170	《水泥胶砂流动度测定方法》（GB/T 2419—2005）
抗压强度/MPa	1d≥30	《水泥胶砂强度检验方法（ISO 法)》（GB/T 17671—1999）
	28d≥50	

（2）检查外墙操作平台连接件：产品合格证、物理性能检测报告和连接性能检验报告。

（3）检查五金件、垫片、螺栓和螺母：产品合格证，物理性能检测报告及外观检查，有无损坏、变形、严重锈蚀等。

（4）检查胶条：产品合格证，物理性能检测报告及外观检查，有无破损、开裂、老化等。

（5）检查后浇混凝土部分的钢筋：产品合格证、复试报告及外观检查，有无颜色异常、锈蚀严重、规格实测超标、表面裂纹、重皮等。

（6）检查后浇混凝土部分的混凝土：强度等级、首次报告、配合比、厂家，现场抽测混凝土坍落度。

（7）检查支撑体系及支撑预埋件：产品合格证、物理性能检测报告及外观检查，有无损坏、变形、严重锈蚀等。

（8）检查钢筋连接套筒：产品合格证、物理性能检验报告、套筒灌浆试验报告及尺寸等。

6.5　预制构件卸车与临时存放监理

6.5.1　预制构件卸车监理要点

预制构件卸车有两种情况：一种是将预制构件从车上直

接起吊到作业面（图6-1）；另一种是从车上将预制构件吊卸到存放场地（图6-2）。将预制构件直接吊到作业面具有提高作业效率、减少预制构件损坏且节省施工作业场地等优点。

图 6-1　预制构件直接
　　　吊至作业面

图 6-2　施工现场预制构件
　　　存放场地

预制构件从车上直接吊卸到作业面需要做好以下几方面监理工作。

（1）预制构件到场直接在车上检查验收的检测工具、验收方法和验收方案应可行。车上检查的主要项目应包括以下几方面内容：

1）检查到场的预制构件型号、数量是否与发货计划相符。

2）检查预制构件尺寸是否超差。

3）检查钢筋套筒、浆锚孔内是否有堵塞情况。

4）检查预埋件是否缺失，位置是否准确。

5）检查预制构件是否有破损情况。

（2）车上检查预制构件不合格时，须有应急预案，保证存放场地有备用构件。

（3）水平运输垂直安装的预制构件（如预制柱、预制墙板等），吊卸时须在车上翻转立起，作业的具体方法参见第

6.5.2 节。

（4）吊装时不能歪拉斜拽，以免预制构件起吊时侧移，产生危险。

（5）吊具、吊索固定牢固后，所有人员应远离预制构件，在地面和作业面指挥预制构件起吊。

（6）预制构件吊装就位后应及时安装或调整临时支撑，在临时支撑连接牢固后，吊装预制构件的索具方能脱钩。

6.5.2 需翻转的预制构件翻转作业监理要点

预制构件翻转吊点须由结构设计确定，并给出设计图。通常情况是竖向预制构件水平运输及水平预制构件竖向运输时需要翻转。竖向预制构件水平运输的有柱、较大尺寸的外挂墙板、夹芯保温板等；水平预制构件竖向运输的有楼梯等。

预制构件翻转作业时的监理要点如下：

（1）制定翻转方案，并提前验证方案的可靠性。

（2）预制墙板在车上起吊时，要保证先立直再起升，避免车上的预制墙板存放架受力倾覆。

（3）预制构件翻转作业方式一般有两种：软带捆绑式（图6-3）和预埋吊点式（图6-4）。

图6-3　软带捆绑式翻转　　　　图6-4　预埋吊点式翻转

（4）预埋吊点式翻转预制构件常采用吊钩翻转方式。其中，吊钩翻转方式有单吊钩翻转和双吊钩翻转两种形式，必须按吊装方案要求规范操作。

6.5.3 预制构件临时存放监理

现场预制构件临时存放方式和要求原则上应符合预制构件工厂的存放方式和要求，参见第5.15节。

6.6 安装前准备与检查监理

6.6.1 预制构件安装部位检查及清理监理要点

1. 安装部位现浇混凝土（或后浇混凝土）质量检查监理要点

在混凝土浇筑完成且模板拆除后，应对预制构件连接部位的现浇混凝土质量进行检查，具体检查内容如下：

（1）采用目测观察混凝土表面是否存在漏振、蜂窝、麻面、夹渣和露筋等现象，现浇部位是否存在裂缝。如果存在上述质量缺陷问题，应由专业修补工人及时采用同等级混凝土或采取高强度灌浆料进行修补。对于一般质量缺陷应在24h内完成修补，对于严重质量缺陷，应经设计及监理单位同意后再进行修补。

（2）采用卷尺和靠尺检查现浇部位截面尺寸、平整度、垂直度是否合格。如果存在胀模现象，需按既定方案进行剔凿等处理。

（3）待混凝土达到一定龄期后，用回弹仪对混凝土的强度进行检查。

2. 伸出钢筋检查监理要点

在现浇混凝土浇筑前和浇筑完成后，应对预制构件所要

连接的现浇混凝土伸出钢筋做如下检查:

(1) 混凝土浇筑前的检查要点

1) 根据设计图要求,检查伸出钢筋的型号、规格、直径、数量及尺寸是否正确,保护层是否满足设计要求。

2) 查看钢筋是否存在锈蚀、油污和混凝土残渣等影响钢筋与混凝土握裹力的质量问题。

3) 根据楼层标高控制线,采用水准仪复核外露钢筋预留搭接长度是否符合设计图要求。

4) 根据施工楼层轴线控制线,检查控制伸出钢筋的间距和位置的钢筋定位模板 (图 6-5) 位置是否准确,固定是否牢固。

图 6-5 钢筋定位模板

5) 如发现上述问题需对伸出钢筋进行更换或处理。

(2) 混凝土浇筑完成后的检查要点

在混凝土浇筑完成后,需再次对伸出钢筋进行复核检查,其长度误差不得大于 5mm,位置偏差不得大于 2mm。

6.6.2 起重设备机具检查监理要点

1. 装配式建筑施工前对起重设备机具的检查监理要点

装配式建筑施工前应对起重设备和吊具、索具等机具进行安全性和可靠性检查，包括目测检查和试吊运行检查两种方式。

（1）目测检查

1）检查吊具和索具的钢丝绳、吊索链、吊装软带、吊钩、卡具、吊点、钢梁和钢架等是否有断丝、锈蚀、破损、松扣或开焊等现象。如有上述问题须进行更换或维修，更换或维修后应经检查合格后方可使用。

2）对起重设备进行系统、全面的检查。如有问题应及时进行维护保养或维修，维护保养或维修后应经检查合格后方可使用。

3）施工期间要对起重设备和吊具、索具等机具进行定期检查和维护保养。

（2）试吊运行检查

试吊运行检查是对起重设备和吊具、索具等机具能否满足实际施工需要，以及机具的安全性和可靠性进行的全面性检查。

1）首先起重设备应吊挂好吊具，再吊挂起最大最重预制构件进行试吊运行试验，如果在试吊运行过程中起重设备和吊具能够满足要求，还应将荷载加载到起重设备的最大安全极限，再次进行试吊运行检查。

2）试吊运行检查时，还应满足各种预制构件水平运输的最远距离要求。

3）试吊运行还应对吊臂远端预制构件起吊重量进行复核与试吊。

4）试吊运行过程中及试吊运行结束后，应及时对起重设备和吊具进行目测检查，发现问题应立即停止试吊运行，并及时进行更换或维修。

2. 预制构件吊装前吊具和索具的准备监理要点

（1）在不同预制构件起吊前，应提前准备好相应的专用吊具及索具，严禁混用、乱用吊具及索具。

（2）在预制构件起吊时，应保证起重设备的主钩位置、吊具及预制构件重心在垂直方向上重合，吊索与预制构件水平夹角不宜大于60°，不应小于45°，如果角度不满足要求应在吊具上对吊索角度进行调整。

3. 吊具索具的验收与检验监理要点

（1）吊具及索具必须制定方案，采购的吊具及吊索要有合格证和检测报告，并存档备查。

（2）吊具及索具使用前应进行检验，在使用中明确检验方法、周期、频次和责任人，并做好检验记录。

（3）钢制吊具必须经专业检测单位进行探伤检测，合格后方可使用。

6.6.3 预制构件安装材料和配件准备监理要点

根据装配式建筑工程施工图的要求，确定安装材料与配件的型号和数量，并在安装前准备到位。安装常用材料和配件主要包括以下几方面内容：

（1）材料：灌浆料、座浆料等接缝封堵与分仓材料、钢筋连接套筒、耐候建筑密封胶、泡聚氨酯保温材料、防火封堵材料和修补料等。

（2）配件：橡胶塞、海绵条、双面胶带、各种规格的螺栓、安装节点金属连接件、垫片（包括塑料垫片和钢垫片）和模板加固夹具等。

6.7 预制构件安装前放线监理

放线是建筑施工中的关键环节，在装配式混凝土建筑中尤为重要，放线人员必须是经过培训的技术人员，施工单位需办理技术复核记录，并报监理审查。监理单位依据测绘局控制点报告对施工区水准控制点数量（不少于3个）进行复核，并对引测到楼层的轴线、标高点进行复查，确认满足精度后才能进行下一步施工。

6.7.1　放线监理要点

（1）审核施工单位测量放线方案，核查放线人员资质及仪器检定证书的有效性。

（2）预制构件统筹考虑套筒位置、预制构件尺寸偏差等情况，标识安装就位控制线。

（3）预制构件位置根据施工图弹出轴线及控制线。定位标识要根据方案设计明确设置，对于轴线控制线、预制构件边线、预制构件中心线及标高控制线等定位标识应明显区分，见图6-6。

图6-6　定位标识图

（4）预制剪力墙外墙板、外挂墙板、悬挑楼板和位于建筑表面的柱、梁的"左右"方向与其他预制构件一样以轴线作为控制线。"前后"方向以外墙面作为控制边界，外墙面控制可以采用从主体结构探出定位杆进行拉线测量的方法进行。墙板放线定位原则见图6-7。

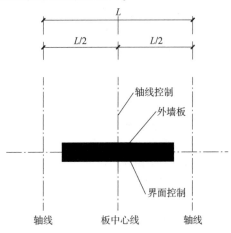

图6-7　墙板定位线示意图

6.7.2　柱子放线监理要点

各层柱子安装应分别测放轴线、边线、安装控制线（图6-8）。每层柱子安装应在柱子根部的两个方向标识中心线，安装时应与轴线吻合。

图6-8　柱子放线

6.7.3 梁放线监理要点

（1）梁进场验收合格后，应在梁端（或底部）弹出中心线。

（2）在校正加固完的墙板或柱子上应标出梁底标高、梁边线，或在地面上测放梁投影线。

6.7.4 剪力墙板放线监理要点

（1）剪力墙板进场验收合格后，应在剪力墙板底部向上500mm位置弹出水平控制线。

（2）以剪力墙板轴线作为参照，应弹出剪力墙板边界线（图6-9和图6-10）。

图6-9　剪力墙板边界线　　图6-10　剪力墙板竖向控制线

6.7.5 楼板放线监理要点

（1）楼板依据轴线和控制网线分别引出控制线。

（2）在校正完的墙板或梁上弹出标高控制线。

（3）每块楼板应有两个方向的控制线。

（4）在梁上或墙板上标识出楼板的位置。

6.7.6 外挂墙板放线监理要点

（1）设置楼面轴线垂直控制点，楼层上的控制轴线用垂线仪及经纬仪由底层原始点直接向上引测。

（2）每个楼层设置标高控制点，在该楼层柱上放出500mm标高线，利用500mm线在楼面进行第一次墙板标高抄平及控制，利用垫片调整标高（图6-11），在外挂墙板上放出距离结构标高500mm的水平线，进行第二次墙板标高抄平及控制。

（3）外挂墙板控制线，墙面方向按界面控制，左右方向按轴线控制（图6-12）。

（4）外挂墙板安装前，在墙板内侧弹出竖向线与水平线，安装时与楼层上该墙板控制线相对应。

图6-11　测定并调整标高　　　图6-12　画外挂墙板水平线
及竖向线

（5）外挂墙板垂直度测量，4个角留设的测点为外挂墙板转换控制点，用靠尺（托线板）以此4点在内侧及外侧进行垂直度校核和测量（因预制外挂墙板外侧为模板面，平整度有保证，所以墙板垂直度以外侧为准）。

6.8 预制构件单元试安装监理

根据《装标》中第10.1.5条款的规定，装配式混凝土建筑施工前，宜选择有代表性的单元进行预制构件试安装。

6.8.1 试安装的单元选择

单元试安装是指在正式安装前对平面跨度内包括各类预制构件的单元进行试验性的安装，以便提前发现并解决安装存在的问题，并在正式安装前做好各项准备工作。

（1）宜选择一个具有代表性的单元进行预制构件试安装（图6-13）。

图6-13　单元试安装实例

（2）应选择预制构件比较全、难度大的单元进行试安装。

（3）签订预制构件采购合同时应告知构件厂需要试安装的构件，要求构件厂先行安排生产。

（4）试安装的预制构件生产后及时组织单元试安装，试安装发现的问题立即告知构件厂，并进行整改解决，以避免批量生产有问题的预制构件。

6.8.2 单元试安装监理要点

单元试安装需注意以下事项：

（1）试安装的单元和范围。

（2）试安装前安全和技术交底。

（3）试安装过程的技术数据记录。

（4）判定吊具的合理性、安全性和支撑系统在施工中的可操作性和安全性。

（5）检验所有预制构件之间连接的可靠性，确定各个工序间的衔接。

（6）检验施工方案的合理性和可行性，并通过试安装优化施工方案。

6.9 预制构件安装作业监理

6.9.1 预制柱安装监理要点

1. 安装准备

（1）施工面清理：柱吊装就位之前应将混凝土表面和钢筋表面清理干净，不得有混凝土残渣、油污、灰尘等。

（2）柱标高控制：首先应用水平仪按设计要求测量标高，在柱下面用垫片垫至标高（通常为20mm），设置三点或四点，位置均在距离柱外边缘100mm处。

柱标高也可采用螺栓控制（图6-14），利用水平仪将螺栓标高测量准确。过高或过低可采用松紧螺栓的方式来控制柱的高度及垂直度。

2. 吊装

（1）柱起吊。根据实际情况选用合适的吊具与柱连接紧固。起吊过程中，柱不得与其他构件发生碰撞。柱翻转起吊见图6-15。

（2）柱起立。柱起立之前，在柱起立接触的地面部位垫

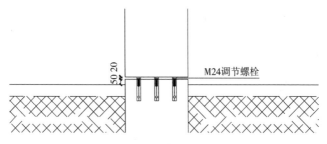

图 6-14 预制柱标高控制螺栓示意图

两层橡胶地垫，以便防止柱起立时造成破损。

（3）用起重机缓缓将柱吊起，待柱的底边升至距地面30cm时略作停顿，再次检查吊挂是否牢固，若有问题必须立即处理。确认无误后，继续提升使之慢慢靠近安装作业面。

（4）在距作业层上方60cm左右处略作停顿，施工人员可以手扶柱，控制柱下落方向，待距预埋钢筋顶部2cm处，柱两侧挂线坠应对准地面上的控制线。柱底部套筒位置与地面预埋钢筋位置对准后，将柱缓缓下降，使之平稳就位。柱安装就位见图6-16。

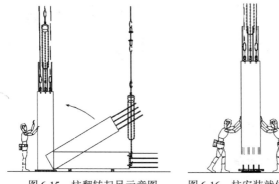

图 6-15 柱翻转起吊示意图   图 6-16 柱安装就位示意图

（5）调节就位。

1）安装时，应由专人负责柱下口定位、对线，调整垂直度。安装第一层柱时，应特别注意质量，使之成为以上各层的基准。

2）柱临时固定：采用可调斜支撑将柱进行固定，柱相邻两个面的支撑通常各1道。如果柱较宽，可根据实际情况在宽面上采用两道。长支撑的支撑点距柱底的距离不宜小于柱高的2/3，且不应小于柱高的1/2。预制柱安装临时固定如图6-17所示。

3）柱安装的精调应采用斜支撑上的可调螺杆进行调节。垂直方向、水平方向均应校正达到规范规定及设计要求。水平位置精度可制作专用调节器来调节（图6-18）。

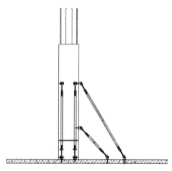 

图6-17 预制柱安装临时固定示意图　　图6-18 挂钩式调节器

6.9.2 预制梁安装监理要点

1. 安装准备

（1）起吊梁，应根据梁的实际情况选择点式吊具或梁式吊具，吊具与梁应连接紧固，起吊过程中，梁伸出钢筋不得与其他物体发生碰撞。预制梁吊装如图6-19所示。

图6-19 预制梁吊装实例

（2）预制梁支撑搭设详见第6.10节。

2. 吊装

（1）如果梁高度方向尺寸较大，施工方案需要斜支撑辅助，则梁在制作时需安装好斜支撑预埋件。

（2）起重机缓缓将梁吊起，待梁的底边升至距地面30cm时略作停顿，检查吊挂是否牢固，若有问题必须立即处理，确认无误后，继续提升使之慢慢靠近安装作业面。

（3）待梁靠近作业面上方30cm左右位置时，作业人员用手扶住梁，按照位置线使梁慢慢就位。待位置准确后，将梁平稳放在提前准备好的立撑上。如标高有误差可采用调节立撑至预定标高。

（4）梁吊装完毕后，应采用可调节斜支撑将梁与地面进行固定（图6-20），边梁可在内测单面采用斜支撑固定。

（5）支撑固定好后，才可摘钩。

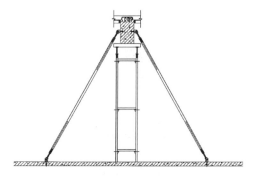

图 6-20　预制梁固定示意图

6.9.3　预制剪力墙板安装监理要点

预制剪力墙板包括预制剪力墙外墙板和预制剪力墙内墙板。

1. 安装准备

（1）施工面清理

剪力墙板吊装就位之前，应将剪力墙板下面的板面和钢筋表面清理干净，不得有混凝土残渣、油污、灰尘等。

（2）粘贴底部密封条

结合面清理完毕后，无保温的普通剪力墙外墙板，要将合适规格的橡塑海绵胶条粘贴在墙板底部外侧，以方便后续外墙水平缝打胶（图6-21）；夹芯保温剪

图 6-21　粘贴橡塑海绵胶条

力墙外墙板，板底部的保温层位置缝隙处要粘贴橡塑海绵胶条，并用钢钉固定，以避免胶条移位。胶条的宽度不宜大于15mm最大不超过20mm，以保证墙板的钢筋保护层厚度，高度应高出调平垫块5mm。

（3）设置剪力墙板标高控制垫片

标高控制垫片设置在剪力墙板下面，每块剪力墙板在两端角部下面通常设置2点，位置均在距剪力墙板外边缘20mm处，垫片应提前用水平仪测量好标高，标高以本层板面设计结构标高+ 20mm为准，如果过高或过低可通过增减铁垫片数量进行调节，直至达到要求为止。

（4）剪力墙板吊装时，必须使用专用吊具吊运。起吊过程中，剪力墙板不得与摆放架发生碰撞（图6-22）。

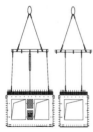

图6-22　剪力墙板吊运安装

2. 吊装

（1）起吊

起重机须缓慢将剪力墙板吊起，待剪力墙板的底面升至距地面60cm高度时应略作停顿，检查吊挂是否牢固，若有问题必须立即处理，待确认无问题后，方可继续提升至安装作业面。

（2）吊装就位

剪力墙板在距安装位置上方 60cm 高度左右时应略作停顿，施工人员可以手扶剪力墙板，控制剪力墙板下落方向，剪力墙板在此缓慢下降。待距预埋钢筋顶部 20mm 处，利用反光镜进行钢筋与套筒的对位，剪力墙板底部套筒位置与地面预埋钢筋位置对准后，将剪力墙板缓慢下降，使之平稳就位。

（3）安装调节

1）剪力墙板安装时，由专人负责用 2m 吊线尺紧靠剪力墙板板面下伸至楼板面进行对线（剪力墙内侧中心线及两侧位置边线），剪力墙板底部准确就位后，安装临时钢支撑进行固定。

2）剪力墙板采用可调节斜支撑进行固定，一般情况下每块剪力墙板安装需要双支撑 2 道（图 6-23）；如使用单支撑，则需要配合七字码使用（图 6-24）。

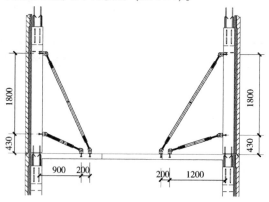

图 6-23　剪力墙板双支撑固定示意图

图6-24　剪力墙板单支撑固定示意图

3）剪力墙板安装固定后，通过斜支撑的可调螺杆进行剪力墙板位置和垂直度的精确调整，剪力墙板的里外位置可通过调节短支撑螺杆实现，剪力墙板的垂直度可通过调节长支撑实现，调节过程要用2m吊线尺进行跟踪检查，直至剪力墙板的位置及垂直度均校正至允许误差2mm范围之内。剪力墙板安装的位置应以下层外墙面为准。

4）安装固定剪力墙板的斜支撑，必须在本层现浇混凝土达到设计强度后，方可进行拆除。

6.9.4　预制叠合楼板安装监理要点

剪力墙结构的叠合楼板或预应力叠合楼板一般情况或端部或侧边或四周都有伸出钢筋，其具体安装步骤如下。

1. 安装准备

安装前应进行支撑搭设，叠合楼板的支撑可采用三脚架配合独立支撑的支撑体系，也可采用传统满堂红脚手架支撑体系（见第6.10节），具体应根据设计要求及现场实际情况确定。

2. 吊装

（1）叠合楼板起吊时，应尽可能减小在应力方向因自重产生的弯矩（图6-25）。

图6-25　叠合楼板吊装

（2）叠合楼板起吊时应先进行试吊，吊起距地60cm停止，检查钢丝绳、吊钩的受力情况，使叠合楼板保持水平状态，然后再吊运至楼层作业面。

（3）就位时叠合楼板应从上垂直向下安装，在作业层上空30cm处略作停顿，施工人员手扶叠合楼板调整方向，将板边与墙上的安放位置对准，注意避免叠合楼板上的预留钢筋与墙体钢筋碰撞，放下时应停稳慢放，严禁快速猛放，以避免冲击力过大造成板面震裂或折断。

（4）使用撬棍调整叠合楼板位置时，应用小木块垫好保护，不要直接使用撬棍撬动叠合楼板，以避免损坏楼板的边角，楼板的位置应保证偏差不大于5mm，接缝宽度应满足设计要求。

（5）叠合楼板安装就位后，应采用红外线标线仪进行板底标高和接缝高差的检查及校核，如有偏差可通过调节楼板下的可调支撑高度进行调整。

6.9.5 预制外挂墙板安装监理要点

1. 预制外挂墙板的应用及连接

（1）预制外挂墙板是装配在钢结构（图6-26）或者混凝土结构（图6-27）上的非承重外围护构件。外挂墙板与主体结构的节点通常采用金属连接件连接或螺栓连接。

图6-26 外挂墙板与钢
结构连接节点

图6-27 外挂墙板与混凝土
结构连接节点

（2）预制外挂墙板与主体结构的连接施工过程中须重视外挂节点的安装质量，保证其可靠性；对于外墙挂板之间的构造"缝隙"，必须进行填缝处理和打胶密封。

（3）如图6-28所示为水平支座固定节点与活动节点的示意图。在外挂墙板上伸出预埋螺栓，楼板底面预埋螺母，用连接件将墙板与楼板连接。通过连接件的孔眼活动空间大小就可以形成固定节点和滑动节点。

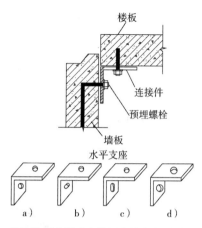

图 6-28　外挂墙板水平支座的固定节点与活动节点示意图

（4）如图 6-29 所示为重力支座的固定节点与活动节点的示意图。在外挂墙板上伸出预埋 L 形钢板，楼板伸出预埋螺栓，通过螺栓形成连接。通过连接件的孔眼活动空间大小就可以形成固定节点和滑动节点。

2. 吊装前的准备

（1）主体结构预埋件应在主体结构施工时按设计要求埋设；外挂墙板安装前应在施工单位对主体结构和预埋件验收合格的基础上进行复测，对存在的问题应与施工单位和监理设计单位进行协调解决。主体结构及预埋件施工偏差应满足设计要求。

（2）外挂墙板安装用连接件及配套材料应进行现场报验，复试合格后方可使用。

（3）根据实际需要，外挂墙板的安装可以使用塔式起重机、汽车式起重机和履带式起重机。

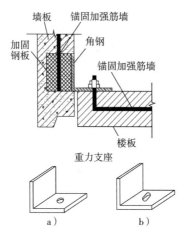

图6-29 外挂墙板重力支座的固定节点与活动节点示意图

（4）外挂墙板安装节点连接部件的准备，如需要水平牵引，则应考虑牵引手拉葫芦的吊点设置和工具准备等。

（5）如果设计是螺栓连接，则需要准备好螺栓、垫片、扳手等工具和材料；如果是焊接连接则需要准备好焊机、焊条等设备和材料。

（6）根据施工流水计划在预制构件上和对应的楼面位置用记号标出吊装顺序号，标注顺序号应与图样上的序号一致，从而方便吊装工作和指挥操作，减少误吊。

（7）测量整层楼面的墙体安装位置总长度和埋件水平间距并绘制成图，如总长有误差应将其均摊到每面墙水平位置上，但每面预制墙的水平位移误须在±3mm以内。

（8）外挂墙板正式安装前，宜根据施工方案要求进行试安装。经过试安装并验收合格后再进行正式安装。

3. 外挂墙板安装

（1）吊具挂好后，起吊至距地 600mm 外，检查外挂墙板外观质量及吊耳连接无误后方可继续起吊。起吊要求缓慢匀速，以保证外挂墙板边缘不被损坏。

（2）将外挂墙板缓慢吊起，平稳后再匀速转动吊臂，吊至作业层上方 600mm 左右时，施工人员应扶住外挂墙板，调整外挂墙板位置，缓缓下降。

（3）外挂墙板就位后，应将螺栓安装上，但先不要拧紧。根据之前控制线的位置，调整外挂墙板的水平、垂直及标高，待均调整到误差范围内后再将螺栓紧固到设计要求。并非所有螺栓都需要拧紧，活动支座拧紧后会影响节点的活动性，因此将螺栓拧紧到设计要求的程度即可。

4. 外挂墙板安装过程的注意事项

（1）外挂墙板安装就位后应对连接节点进行检查验收，隐藏在墙内的连接点必须在施工过程中及时做好隐蔽检查记录。

（2）外挂墙板均为独立自承重构件，应保证板缝四周为弹性密封构造。安装时，严禁在板缝中放置硬质垫块，避免外挂墙板通过垫块传力造成节点连接破坏。

（3）节点连接处露明钢件均应进行防腐处理，对于焊接处镀锌层破坏部位必须涂刷三道防腐涂料防腐，有防火要求的钢件应采用防火涂料喷涂处理。

6.9.6 预制楼梯安装监理要点

1. 施工前准备工作

（1）楼梯的上端通常为铰支座或固定支座，楼梯的下端通常为滑动支座。如果设计要求是滑动支座，则用金属垫片等垫平即可；如果不是滑动支座，则可用细石混凝土找平后固定。

（2）根据施工图要求，在上下楼梯休息平台板上分别放出楼梯定位线；同时在梯梁面两端放置找平钢垫片或者硬质塑料垫片，垫片的顶端标高应符合图样要求。

（3）在固定支座端，铺设细石混凝土找平层（通常为长1200mm、宽200mm 的楼梯踏步面的尺寸），细石混凝土顶端标高高于垫片顶端标高 5～10mm，以确保楼梯就位后与找平层结合密实。

另一种方法是楼梯垫平就位后，将楼梯与楼梯梁之间的缝隙外侧用干硬性砂浆将缝隙封堵后，用自流平细石混凝土灌封。

（4）如果有预留插筋，应针对偏位钢筋进行校正。

2. 预制楼梯安装

（1）作业人员通常配置 2 名信号工，楼梯起吊处 1 名，吊装楼层上 1 名，配备 1 名挂钩人员，楼层上配备 2 名安放及固定楼梯人员。

（2）用长短绳索吊装楼梯，保证楼梯的起吊角度与就位后的角度一致。为了角度可调，也可用两个手拉葫芦代替下侧两根钢丝绳。

（3）由质量负责人核对楼梯型号、尺寸，进行质量检查。确认无误后，方可进行安装。

（4）安装工将楼梯挂好锁住，待挂钩人员撤离至安全区域后，由信号工确认楼梯四周安全情况，指挥缓慢起吊，起吊到距地面 60cm 左右，起重机起吊装置确定安全后，继续起吊（图6-30）。

（5）待楼梯下放至距楼面 60cm 处，由专业操作工人稳住楼梯，根据水平控制线缓慢下放楼梯。如有预留插筋，应注意将插筋与楼梯的预留孔洞对准，方可将楼梯安装就位，如图6-31所示。

图6-30 预制楼梯起吊

图6-31 预制楼梯就位

（6）楼梯就位后，安装楼梯与墙体之间的连接件将楼梯固定。当采用螺栓连接固定楼梯时，应根据设计要求控制螺栓的拧紧力。

（7）安装踏步防护板及临时护栏。

6.9.7 预制阳台板、空调板、挑檐板及遮阳板安装监理要点

预制阳台板、空调板、挑檐板及遮阳板等预制构件属于装配式建筑非结构构件，并且都是悬挑构件。其中，预制阳台板和挑檐板属于叠合板类预制构件，有叠合层与主体结构连接；预制空调板和遮阳板是非叠合板类预制构件，靠外漏钢筋与主体结构进行锚固。

1. 预制阳台板、空调板、挑檐板及遮阳板安装需要注意的问题

（1）安装前，需对安装时的临时支撑做好专项方案，确保安装临时支撑安全可靠。

（2）保证外漏钢筋与后浇节点的锚固质量。

（3）拆除临时支撑前应保证现浇混凝土强度达到设计要求。

（4）施工过程中，严禁在悬挑构件上放置大质量或者质量不明重物。

2. 预制阳台板和挑檐板安装监理要点

阳台板和挑檐板的安装类似，下面以阳台板为例介绍安装监理要点（图6-32）。

图6-32　阳台板吊装

（1）阳台板属于具有造型的预制构件，所以验收标准要高，避免因为尺寸问题而影响后期成型效果。对于偏差尺寸较大的阳台板需进行返厂处理。

（2）阳台板属于悬挑预制构件，支撑架体步距不宜大于1.2m。吊装前提前调节至设计标高。

（3）阳台板一般为四个吊点，且根据设计使用不同的吊具进行吊装。其有万向旋转吊环（图6-33）配预埋内螺母和鸭嘴口吊具（图6-34）配吊钉两种形式。吊装作业前必须检查吊具、吊索是否安全，待检查无误后方可进行吊装作业。

图 6-33　万向旋转吊环　　　　图 6-34　鸭嘴口吊具

（4）阳台板安装时必须按照设计要求，保证伸进支座的长度。待初步安装就位后，需要用线坠检查是否与下层阳台对齐一致。

（5）阳台板就位后，应将阳台的外留钢筋与墙体的外留主筋焊接加固，避免在后浇混凝土时发生阳台板移位。

（6）复查阳台板位置无误后，方可摘除吊具。

3. 预制空调板与遮阳板安装监理要点

空调板与遮阳板体积相对较小，主要靠钢筋的锚固固定构件。其吊装时需要注意以下几点：

（1）严格检查外留钢筋的长度和直径是否符合图样要求。

（2）外留钢筋应与主体结构的钢筋焊接牢固，保证后浇混凝土时不会引起预制板移位。

（3）确保支撑架体应稳定可靠，支撑架体提前应做专项方案。

（4）吊装前，将架体顶端标高调整至设计要求后方可进行安装。

6.9.8 预制飘窗安装监理要点

飘窗是较特殊的一种竖向预制构件，窗口外侧有向外凸出的部分，从而使飘窗整体起吊时不易平衡。其在施工安装过程中需要注意以下几点：

（1）窗户安装完成后，还需要对窗户做好保护措施，比如在窗框表面套上塑料保护套。考虑到玻璃在施工过程中易碎，且较难保护，因此不建议在墙体出厂时就将玻璃安装好。

（2）飘窗运到施工现场存储时要制定好存储方案，一般会采取平放或者立放两种形式。平放时在起吊前需要翻转，立放时需要采取墙体面斜支、凸出面下侧顶支的形式，以确保飘窗稳定。

（3）飘窗在起吊时，由于有外凸部分（通常小于或等于500mm），会导致起吊后墙体不垂直，有一定的倾斜角度，但是角度并不大，对吊装施工并不会造成影响。

（4）吊装过程中，飘窗凸出部位最前端两侧下面要加塑料垫片，通常使用厚度为 20~30mm 的垫片，避免下落过程中飘窗下端面前端与下层飘窗上端面前端磕碰，同时保证在飘窗就位后使整体向内少量倾斜。这样在调整飘窗垂直度的时候斜支撑调长外顶，要比调短内拉更便于操作，从而避免将地脚预埋件拉出（图6-35）。

（5）在调整飘窗垂直

图 6-35　飘窗安装

度前，将前端塑料垫片取出。

（6）飘窗在现场竖直存放时需要注意在凸部位下面加支撑或者垫块，使之保持平衡稳定。

（7）除了以上需要注意的事项外，飘窗的安装工艺步骤与预制外墙板相同。

6.9.9 莲藕梁安装监理要点

1. 安装前准备

（1）施工面清理

莲藕梁（图1-83～图1-85）吊装就位之前应将莲藕梁下面的柱面清理干净，设置标高控制螺栓。

（2）莲藕梁标高控制

标高控制采用在柱吊点上利用高强螺栓调节控制，利用水平尺将螺栓标高测量准确。标高以柱顶面设计标高20mm为准，过高或过低可采用松紧螺栓的方式来控制。

（3）柱上部钢筋调整

吊装莲藕梁之前，首先应将柱上部预留的柱主筋全部调整至垂直状态。

（4）莲藕梁钢筋位置边线设置

吊装前，要在莲藕梁顶面弹出柱主筋边线控制线，用以在注浆之前对主筋的位置进行调整，以保证下层构件安装时的准确度（图6-36）。

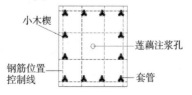

图6-36　莲藕梁柱主筋控制示意图

2. 莲藕梁吊装

（1）起吊莲藕梁采用专用吊具与莲藕梁连接紧固（图6-37）。

（2）缓缓将莲藕梁吊起，待莲藕梁的底边升至距地面30cm时略作停顿，再次检查吊挂是否牢固。若有问题必须立即处理。确认无误后，继续提升使之慢慢靠近安装作业面。

（3）在距柱上方60cm左右时略作停顿，施工人员可以手扶莲藕梁，控制莲藕梁下落方向，待到距预埋钢筋顶部2cm处时，使其藕孔与预埋钢筋位置对准后，将莲藕梁缓缓下降，使之平稳就位（图6-38）。

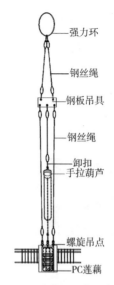

强力环
钢丝绳
钢板吊具
钢丝绳
卸扣
手拉葫芦
螺旋吊点
PC莲藕

图6-37　莲藕梁吊装示意图

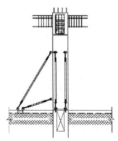

图6-38　莲藕梁吊装就位示意图

（4）调节就位时由专人负责下口定位，莲藕梁位置利用挂钩调节器来调节，调节器放置在柱相邻两个侧面的角部，利用2m长靠尺来控制莲藕梁与柱在同一个垂直面上。

6.9.10 复合/异形构件或超大构件安装监理要点

复合/异形构件（见第1.6.7节）或超大构件（图6-39和图6-40）在吊装工艺上可参照水平预制构件或者竖向预制构件的相关要求，同时需要注意以下几点：

图6-39　超大型构件　　　　图6-40　超大型构件
（跨层墙板）　　　　　　　（连体柱）

（1）复合构件的吊点位置、支撑方案、支撑点以及防止运输过程中损坏的拉接方案等均应由设计单位给出。如果设计未明确，施工企业应会同预制构件工厂一起做出方案，报监理审核批准后方可制定方案施工。

（2）根据具体情况制定专项吊装方案，并且要经过反复论证确保吊装安全、吊装精度及吊装质量。

（3）二维和三维复合构件及造型复杂的复合构件在确定吊点时应经过严格的计算来保证起吊时保持预制构件的平衡。如果吊点位置受限，需要设计专用吊具。

（4）造型复杂的复合构件如果重心偏移，则造成倾覆的可能性较大，因此在没有连接牢固前应通过支撑及拉拽的方式将其固定住。

（5）安装异形复合构件时，如果下面需要用垫片调整标高，调整垫片不宜超过 3 点。如果是超大预制构件，尤其是重量较大的预制构件，要使用钢垫片取代塑料垫片。

（6）异形或超大预制构件在就位后应及时固定，而且应充分考虑所有自由度的约束，同时保证所有加固点牢固可靠。

（7）超长超大构件本身容易产生挠度，一般来讲都需要在下端进行临时支撑。临时支撑应严格按照事先制定好的方案搭设，并做好警示，严禁在其上面放置不明物品或荷载过重。

（8）细长的柱类预制构件容易造成折断，在翻转、吊立的过程中应避免速度过快。

（9）超长、超大预制构件在吊装前应对作业区域进行清理，保证预制构件在吊装过程中在作业范围内不会有异物阻挡。

（10）连体柱及连体梁的钢筋连体部位为薄弱点，在施工过程中应做好加固，防止弯曲变形，尤其在柱的起立过程中尤其应注意，起立过程要慢且稳；连体梁在吊装过程中严禁吊装不平衡导致在连体部位产生挠度。

6.10 临时支撑系统监理

6.10.1 竖向预制构件临时支撑监理要点

竖向预制构件包括柱、墙板、整体飘窗等。竖向预制构件安装后需进行垂直度调整，并进行临时支撑，柱在底部就位并调整好后，要进行 X 和 Y 两个方向垂直度的调整；墙板就位后也需进行垂直度调整；竖向预制构件通常采用可调斜支撑。

1. 竖向预制构件临时支撑的一般要求

（1）支撑的上支点宜设置在预制构件高度 2/3 处。

（2）应使斜支撑与地面的水平夹角保持在 45°～60°（图 6-41）。

（3）斜支撑应设计成长度可调节方式。

（4）每个预制柱斜支撑不少于两个，且须在相邻两个面上支设（图6-42）。

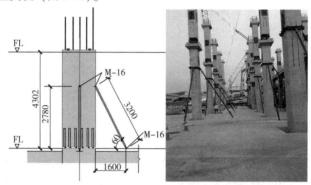

图6-41　预制柱斜支撑示意图　图6-42　预制柱斜支撑实例

（5）每块预制墙板通常需要两个斜支撑（图6-43和图6-44）。

图6-43　预制墙板双斜支撑

图6-44　预制墙板单斜支撑

（6）预制构件上的支撑点，应在预制构件生产时将支撑用的预埋件预埋到预制构件中。

（7）固定竖向预制构件斜支撑的地脚，采用预埋方式时，应在叠合层浇筑前预埋，且应与桁架筋连接在一起（图6-45和图6-46）。

 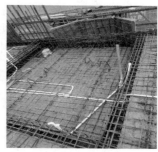

图6-45　叠合层预埋支撑点　　图6-46　叠合层浇筑之前连接
在桁架筋上的预埋件

（8）加工制作斜支撑的钢管宜采用无缝钢管，以保证有足够的刚度与强度。

2. 竖向预制构件临时支撑监理要点

（1）固定竖向预制构件斜支撑地脚，采用楼面预埋的方式较好，将预埋件与楼板钢筋网焊接牢固，避免混凝土斜支撑受力将预埋件拔出；如果采用膨胀螺栓固定斜支撑地脚，需要楼面混凝土强度达到20MPa以上，这样会大大影响工期。

（2）如果采用楼面预埋地脚埋件来固定斜支撑的一端，应注意预埋位置的准确性，浇筑混凝土时尽量避免将预埋件位置移动，万一发生移动，应及时调整。

（3）待竖向预制构件水平及垂直的尺寸调整好后，须将斜支撑调节螺栓用力锁紧，避免在受到外力后发生松动，导致调好的尺寸发生改变。

（4）在校正预制构件垂直度时，应同时调节两侧斜支撑，避免预制构件扭转，产生位移。

（5）吊装前应检查斜支撑的拉伸及可调性，避免在施工作业中进行更换，不得使用脱扣或杆件锈损的斜支撑。

（6）在斜支撑两端未连接牢固前，吊装预制构件的索具不能脱钩，以免预制构件倾倒或倾斜。

6.10.2　水平预制构件临时支撑监理要点

水平预制构件支撑包括楼板（叠合楼板、双 T 板、SP 板等）支撑（图 6-47）、楼梯、阳台板支撑（图 6-48）、梁支撑（图6-49）、空调板、遮阳板、挑檐板支撑等。水平预制构件在施工过程中会承受较大的临时荷载，因此水平预制构件临时支撑的质量和安全性就显得非常重要。

图 6-47　预制楼板支撑体系

图 6-48　预制阳台板支撑体系　　　图 6-49　预制梁支撑体系

1. 水平构件支撑搭设的监理要点

（1）搭设支撑体系时，应严格按照设计图的要求进行；如果设计未明确相关要求，需施工单位会同设计单位、预制构件工厂共同做好施工方案，报监理批准后方可实施。监理要重点检查支撑杆直径、间距，特别是层高较高的支撑体系。

（2）搭设前需要对工人进行技术和安全交底。

（3）工人在搭设支撑体系时需要佩戴安全防护用品，包括安全帽、安全防砸鞋、反光背心等。

（4）支撑体系搭设完成，且水平构件吊装就位后，在浇筑混凝土前，项目技术负责人和项目总监理工程师应组织支撑验收，验收合格后，方可进行混凝土浇筑；如果不合格，需要整改并重新组织验收，合格后再浇筑混凝土。

（5）搭设人员必须持证上岗。

（6）上下爬梯需要搭设稳固，应定期检查，发现问题及时整改。

（7）楼层周边临边防护、电梯井、预留洞口封闭设施需要及时搭设。

2. 楼面板独立支撑搭设的监理要点

楼面板水平临时支撑除了传统的满堂红脚手架体系（图6-48和图6-49）外，还有一种独立支撑体系（图6-47），独立支撑搭设监理要点如下：

（1）独立支撑应保证整个体系的稳定性，每个独立支撑下面的三脚架必须牢固可靠。

（2）独立支撑的间距应严格控制，不得随意加大支撑间距。

（3）应控制好独立支撑距墙体的距离。

（4）独立支撑的标高和轴线定位需要控制好，防止叠合楼板搭设出现高低不平。

（5）顶部U形托内木方不可用变形、腐蚀或不平直的材料，且交接处的木方需要搭接。

（6）支撑的立柱套管及旋转螺母不允许使用开裂、变形或锈蚀的材料。

（7）独立支撑搭设的尺寸偏差应符合表6-5的规定，质量标准应符合表6-6规定。

表6-5　独立支撑尺寸偏差

项　　目		允许偏差/mm	检验方法
轴线位置		5	钢尺检查
层高垂直度	不大于5m	6	经纬仪或吊线、钢尺检查
	大于5m	8	经纬仪或吊线、钢尺检查
相邻两板表面高低差		2	钢尺检查
表面平整度		3	2m靠尺和塞尺检查

表 6-6　独立支撑质量标准

项目	要　求	抽检数量	检查方法
独立支撑	应有产品质量合格证、质量检验报告	750 根为一批，每批抽取 1 根	检查资料
	独立支撑钢管表面应平整光滑，不应有裂缝、结疤、分层、错位、硬弯、毛刺、压痕、深的划道及严重锈蚀等缺陷；严禁打孔	全数	目测
钢管外径及壁厚	外径允许偏差 ±0.5mm；壁厚允许偏差 ±0.36mm	3%	游标卡尺测量
扣件螺栓拧紧扭力矩	扣件螺栓拧紧扭力矩值不应小于 40N·m，且不应大于 65N·m		

（8）浇筑混凝土前，必须检查立柱下脚三脚架开叉角度是否等边，立柱上下是否对顶紧固、不晃动，立柱上端套管是否设置配套插销，独立支撑是否可靠。浇筑混凝土时必须由模板支设班组设专人看模，随时检查支撑是否变形、松动，并组织及时恢复。

（9）层高较高的楼面板水平支撑体系应经过严格的计算，针对水平支撑的步距、水平杆数量、适宜采用独立支撑体系还是满堂红脚手架体系等相关内容制定详细的施工方案，并按施工方案认真执行。

3. 预制梁支撑体系搭设监理要点

（1）预制梁的支撑体系通常使用盘扣架，立杆步距不大于 1.5m，水平杆步距不大于 1.8m。梁体本身较高的可以使用斜支撑辅助，防止梁倾倒。监理人员应按搭设方案检查验收。

（2）预制梁支撑架体的上方可加设 U 形托板，U 形托板上放置木方、铝梁或方管，安装前将木方、铝梁或方管调至水平；也可直接采用将梁放置到水平杆上，采用此种方式搭设时需要将所有水平杆调至同一设计标高。

4. 悬挑水平构件临时支撑监理要点

（1）悬挑水平构件支撑系统应编制专项方案，并附受力计算书。

（2）距悬挑端及支座处 300~500mm 距离各设置一道支撑。

（3）垂直悬挑方向支撑间距由设计人员根据预制构件重量等确定，常见的间距为 1~1.5m。

（4）板式悬挑构件下支撑数最少不得少于 4 个。

6.10.3 临时支撑拆除时的监理要点

（1）各种预制构件拆除临时支撑的条件应当由设计单位给出。

（2）行业标准《装规》中的要求如下：

1）构件连接部位后浇混凝土及灌浆料的强度达到设计要求后，方可拆除临时固定措施。

2）叠合预制构件在后浇混凝土强度达到设计要求后，方可拆除临时支撑。

（3）在设计没有给出预制构件临时支撑拆除条件的情况下，建议参照《混凝土结构工程施工规范》（GB 50666—2011）中底模拆除时的混凝土强度要求的标准确定（表6-7）。

表6-7 现浇混凝土底模拆除时的混凝土强度要求

预制构件类型	预制构件跨度 /m	达到设计混凝土强度等级值的百分率（%）
板	≤2	≥50
	>2，≤8	≥75
	>8	≥100

预制构件类型	预制构件跨度 /m	达到设计混凝土强度 等级值的百分率（%）
梁、拱、壳	≤8	≥75
	>8	≥100
悬臂结构		≥100

（4）预制柱、预制墙板等竖向预制构件的临时支撑拆除时间，可参照灌浆后灌浆料同条件试块抗压强度报告确定。

6.11 预制构件连接灌浆作业监理

6.11.1 灌浆作业的旁站监督和视频监控

灌浆作业是装配式混凝土建筑工程施工最重要和最核心的环节之一，灌浆作业一定要严格按照相关规范及专项施工方案认真地进行。

灌浆作业应随层进行，即在上一层构件吊装前进行，而不能等上一层构件开始安装了还来灌浆。

灌浆作业质量如果出现问题，将对装配式混凝土建筑整体的结构质量产生致命影响。因此，对灌浆作业全过程必须严格管控，施工单位应明确专职质检人员，监理单位应有专职监理人员进行旁站监督（图6-50），对灌浆全过程进行监督检查，对不符合规定的操作应及时制止并予以纠正。专职质检人员应及时填写钢筋套筒灌浆施工记录（表6-8），旁站监理人员应及时填写监理旁站记录（表6-9）。

图6-50　监理人员旁站监督

表6-8 钢筋套筒灌浆施工记录

工程名称：

天气状况：

施工单位：

灌浆日期：　　年　月　日

灌浆环境温度：　　℃　　　　　　　　　　　　　　　　　　　　　施工员：

批次										

浆料搅拌：干粉用量：　　kg；水用量：　　kg（1）；搅拌时间：

试块留置：是 □ 否 □　　组数：　　组（每组3个）；规格：40mm×40mm×160mm（长×宽×高）；

流动度：　　mm

异常现象记录：

楼号	楼层	构件名称及编号	灌浆孔号	开始时间	结束时间	施工员	异常现象记录	是否补灌	有无影像资料

异常现象记录：

专职检验人员：　　　　　　　　　　　　日期：

注：1. 灌浆开始前，应对各灌浆孔进行编号。

2. 灌浆施工时，环境温度超过允许范围应采取措施。

3. 浆料搅拌后须在规定时间内灌注完毕。

4. 灌浆结束立即清理灌浆设备。

238

表 6-10　灌浆作业监理旁站记录

工程名称：＿＿＿＿＿＿＿＿＿＿＿　　　　　编号：＿＿＿＿＿＿

旁站的关键部位、关键工序		施工单位	
旁站开始时间	年 月 日 时 分	旁站结束时间	年 月 日 时 分

旁站的关键部位、关键工序施工情况：

灌浆施工人员通过考核：　　　　　　　是□　　否□

专职检验人员到岗：　　　　　　　　　是□　　否□

设备配置满足灌浆施工要求：　　　　　是□　　否□

环境温度符合灌浆施工要求：　　　　　是□　　否□

浆料配比搅拌符合要求：　　　　　　　是□　　否□

出浆口封堵工艺符合要求：　　　　　　是□　　否□

出浆口未出浆，采取的补灌工艺符合要求：是□　　否□　　不涉及□

发现的问题及处理情况：

　　　　　　　　　　　　　　旁站监理人员（签字）：＿＿＿＿＿

　　　　　　　　　　　　　　　　　　　　　年　　月　　日

注：本表一式一份，由项目监理机构留存。

宜对灌浆施工进行全过程视频拍摄，并将该视频作为工程施工资料留存。视频内容应包含灌浆施工人员、专职检验人员、旁站监理人员、灌浆部位、预制构件编号、套筒顺序编号和灌浆出浆完成等情况。视频拍摄以一个构件的灌浆作业全过程为一个段落，宜定点连续拍摄。

6.11.2 灌浆作业前签发灌浆令暨灌浆准备检查确认表

灌浆施工前，施工单位应会同监理单位联合对灌浆准备工作、实施条件、安全措施等进行全面检查，应重点核查伸出钢筋位置和长度、结合面情况、灌浆腔连通情况、座浆料强度、接缝分仓、分仓材料性能、接缝封堵、封堵材料性能等是否满足设计及规范要求，每个班组每天施工前应签发一份灌浆令暨灌浆准备检查确认表（表6-10），由施工单位负责人和总监理工程师同时签发，取得灌浆令后方可进行灌浆作业。

表6-10 灌浆令暨灌浆准备检查确认表

工程名称					
灌浆施工单位					
灌浆施工部位					
灌浆施工时间	自　年　月　日　时起至　年　月　日　时止				
灌浆施工人员	姓名	考核编号	姓名	考核编号	
工作界面完成检查及情况描述	界面检查	套筒内杂物、垃圾是否清理干净	是□　否□		
		灌浆孔、出浆孔是否完好、整洁	是□　否□		
	连接钢筋	钢筋表面是否整洁、无锈蚀	是□　否□		
		钢筋的位置及长度是否符合要求	是□　否□		

工作界面完成检查及情况描述	分仓及封堵	封堵材料：　封堵是否密实	是□　否□
		分仓材料：　是否按要求分仓	是□　否□
	通气检查	是否通畅	是□　否□
		不通畅预制构件编号及套筒编号：	
灌浆准备工作情况描述	设备	设备配置是否满足灌浆施工要求	是□　否□
	人员	是否通过考核：	是□　否□
	材料	灌浆料品牌：　检验是否合格	是□　否□
	环境	温度是否符合灌浆施工要求	是□　否□
审批意见	上述条件是否满足灌浆施工条件： 同意灌浆□　　不同意，整改后重新申请□		
	项目负责人		签发时间	
	总监理工程师		签发时间	

专职检验人员：　　　日期：

注：本表由专职检验人员填写。

6.11.3　灌浆料搅拌监理要点

（1）灌浆料水料比应按照灌浆料厂家说明书的要求确定。

（2）常用的一些灌浆料，譬如北京思达建茂公司生产的灌浆料，水料比一般为11%～14%，还应根据季节的不同，通过现场灌浆料流动度试验对水料比例进行适当调整。

（3）在搅拌桶内加入100%的水，加入70%～80%的灌浆料（图6-51）。

（4）利用搅拌器搅拌1～2分钟，建议采用计时器计时。

（5）加入剩余的灌浆料继续搅拌 3～4 分钟（图 6-52）。

图 6-51　灌浆料倒入搅拌桶　　　　图 6-52　灌浆料搅拌

（6）搅拌完毕后，灌浆料拌合物在搅拌桶内静置 2～3 分钟，进行排气。

（7）待灌浆料拌合物内气泡自然排出后，进行流动度测试，一般流动度要求在 300～350mm（图 6-53）。

（8）每班灌浆前均应对流动度进行测试。

（9）流动度合格后，将灌浆料拌合物倒入灌浆机内（图 6-54），准备进行灌浆作业。

图 6-53　流动度测试　　　　图 6-54　灌浆料倒入灌浆机

6.11.4　灌浆作业监理要点

1. 竖向套筒灌浆监理要点

（1）将搅拌好的灌浆料拌合物倒入灌浆机料斗内（图 6-54），开启灌浆机。

（2）待灌浆料拌合物从灌浆机灌浆管流出，且流出的灌浆料拌合物为"柱状"后，将灌浆管插入需要灌浆的剪力墙或柱的灌浆孔内，并开始灌浆（图6-55）。

（3）剪力墙或柱等竖向预制构件各套筒底部接缝联通时，对所有的套筒采取连续灌浆的方式，连续灌浆是用一个灌浆孔进行灌浆，其他灌浆孔、出浆孔都作为出浆孔。

（4）待出浆孔出浆后用堵孔塞封堵出浆孔（图6-56），封堵时需要观察灌浆料拌合物流出的状态，灌浆料拌合物开始流出时，堵孔塞倾斜45°角放置在出浆孔下面（图6-57），待出浆孔流出圆柱状灌浆料拌合物后，将堵孔塞塞紧出浆孔（图6-58）。

图6-55　开始灌浆

图6-56　封堵出浆孔

图6-57　45°放置胶塞

图6-58　灌浆料拌合物充满出浆孔

（5）待所有出浆孔全部流出圆柱状灌浆料拌合物并用堵孔塞塞紧后，持续保持灌浆状态 5~10 秒，关闭灌浆机，灌浆机灌浆管继续在灌浆孔保持 20~25 秒后，迅速将灌浆管撤离灌浆孔，同时用堵孔塞迅速封堵灌浆孔，灌浆作业完成（图 6-59）。

图 6-59　封堵灌浆孔，灌浆完成

（6）当需要对剪力墙或柱等竖向预制构件的连接套筒进行单独灌浆时，预制构件安装前需使用密封材料对灌浆套筒下端口与连接钢筋的缝隙进行密封。

2. 波纹管灌浆监理要点

（1）将搅拌好的灌浆料拌合物倒入手动灌浆枪内（图 6-60）。

（2）手动灌浆枪对准波纹管灌浆口位置，进行灌浆；也可以通过自制漏斗把灌浆料拌合物倒入波纹管内。

图 6-60　灌浆料拌合物倒入灌浆器内

（3）待灌浆料拌合物达到波纹管灌浆口位置后停止灌浆，灌浆作业完成（图 6-61）。

3. 水平钢筋套筒灌浆连接监理要点

（1）将所需数量的梁端箍筋套入其中一根梁的钢筋或柱的伸出钢筋上。

（2）在待连接的两端钢筋上套入橡胶密封圈。

（3）将灌浆套筒的一端套入柱或其中一根梁的待连接钢筋上，直至不能套入为止。

（4）移动另一根梁，将连接端的钢筋插入到灌浆套筒中，直至不能伸入为止（图6-62）。

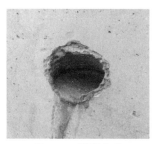

图6-61 灌浆完成

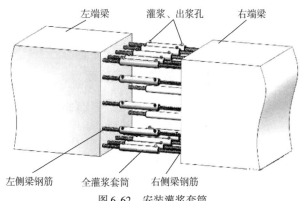

图6-62 安装灌浆套筒

（5）将两端钢筋上的密封胶圈嵌入套筒端部，确保胶圈外表面与套筒端面齐平。

（6）将套入的箍筋按图样要求均匀分布在连接部位外侧并逐个绑扎牢固。

（7）将搅拌好的灌浆料拌合物装入手动灌浆枪，开始对每个灌浆套筒逐一进行灌浆。

（8）采用压浆法从灌浆套筒一侧灌浆孔注入，当灌浆料拌合物在另一侧出浆孔流出时停止灌浆，用堵孔塞封堵灌浆孔和出浆孔，灌浆结束（图6-63）。

图 6-63　使用手动灌浆枪进行水平钢筋套筒灌浆

（9）灌浆套筒的灌浆孔、出浆孔应朝上，并保证灌满后的灌浆料拌合物高于套筒外表面最高点。

（10）灌浆孔、出浆孔也可在灌浆套筒水平轴正上方±45°的锥体范围内，并在灌浆孔、出浆孔上安装有孔口超过灌浆套筒外表面最高位置的连接管或接头。

6.11.5　灌浆作业常见故障与问题处理

1. 灌浆作业时，突然断电或设备出现故障

（1）灌浆作业时突然断电，应及时启用备用电源或小型发电机继续灌浆。

（2）灌浆作业时，灌浆设备突然出现故障，应及时利用备用灌浆设备进行灌浆。

（3）如果处理断电或更换设备需要较长时间，应剔除构件封缝材料，冲洗干净已灌入的浆料，重新封缝达到强度后再次进行灌浆。

2. 灌浆失败

在实际操作中一旦出现灌浆失败，应立即停止灌浆作业，并立即用高压水枪把已灌入套筒和构件结点的灌浆料冲洗干净，具体操作步骤如下：

（1）准备一台高压水枪机、冲洗用清水、高压水管等。

（2）将已经塞进出浆口的堵孔塞全部拔出，同时将堵缝材料清除干净。

（3）打开高压水枪机，把水管插入灌浆套筒的出浆孔，冲洗灌浆料拌合物。

（4）持续冲洗套筒内部，直到套筒下口流出清水方可停止冲洗。

（5）逐个套筒进行冲洗，切勿漏洗。全部清洗干净后，再将构件接缝处冲洗干净。

（6）用空压机向冲洗干净的套筒内吹压缩空气，把套筒里面的残留水分吹干。

（7）仔细检查套筒内部是否畅通，确认无误后再次进行堵缝，并准备重新灌浆。

6.12 后浇混凝土监理

后浇混凝土监理主要从钢筋连接、模板支设、隐蔽工程验收、混凝土浇筑和养护五个方面进行控制。

6.12.1 后浇混凝土钢筋连接监理要点

后浇混凝土钢筋连接（图6-64）监理控制要点如下：

图6-64 后浇混凝土钢筋连接

（1）检查钢筋原材料、级别和规格是否符合设计要求，是否复试合格。

（2）检查预制构件预留钢筋级别、伸出长度、间距是否符合设计要求。

（3）检查现浇结构预留钢筋级别、伸出长度是否符合设计要求。

（4）检查钢筋搭接、锚固长度是否符合设计要求。

6. 12. 2 后浇混凝土模板支设监理要点

后浇混凝土模板支设（图6-65）监理控制要点如下：

图6-65 后浇混凝土模板支设

（1）检查预制构件对拉螺栓孔预留位置是否符合方案要求。

（2）隐蔽工程验收合格后，再进行模板施工。

（3）检查模板支设是否牢固。

（4）检查模板垂直度、平整度是否符合相应规范要求。

（5）检查模板脱模剂的质量及涂刷情况。

6. 12. 3 后浇混凝土隐蔽工程验收

后浇混凝土隐蔽工程验收监理控制要点如下：

（1）预制构件粗糙面的质量，键槽的尺寸、数量、位置。

（2）钢筋的型号、规格、数量、位置、间距，箍筋弯钩的弯折角度及平直段长度。

（3）钢筋的连接方式、接头位置、接头数量、接头面积百分率、搭接长度、锚固方式及锚固长度。机械套筒连接牢固可靠。

（4）预埋件和预留管线的规格、数量、位置。

（5）防雷引下线的位置、连接。

（6）保护层垫块的规格、布置、间距及固定方式符合要求。

6.12.4 后浇混凝土浇筑监理要点

后浇混凝土浇筑（图6-66）监理控制要点如下：

（1）检查分层浇筑高度是否符合国家现行有关标准的规定。

（2）检查分层浇筑时，是否在底层混凝土初凝前将上一层混凝土浇筑完毕，一般分层厚度不得大于300mm。

（3）检查浇筑过程是否从一端开始，连续施工。

图6-66　后浇混凝土浇筑

（4）检查振捣过程中振捣棒是否插入预制构件底部，并随分层浇筑随分层振捣。

（5）检查振捣过程中的振捣时间，不得过振，以防止预制构件或模板因侧压力过大造成开裂，振捣时尽量使混凝土中的气泡逸出，以保证振捣密实。

（6）检查钢筋主要连接区域的钢筋是否较密，浇筑空间是否狭小，旁站监理要特别注意混凝土振捣的检查，以保证混凝土的密实性。

（7）检查楼板混凝土浇筑时是否按照分段进行，旁站监理需对混凝土浇筑方式进行检查，并要求施工单位每一段混凝土从同一端起，分一或两个作业组平行浇筑，并连续施工，混凝土表面用刮杠按板厚控制块顶面刮平，随即用木抹子搓平。

（8）当梁、柱、墙、板等部位采用不同等级混凝土浇筑时，旁站监理须特别注意各区域后浇混凝土强度是否符合设计要求。

6.12.5 后浇混凝土养护监理要点

1）叠合楼板的后浇混凝土浇筑完成后，应要求施工单位随即采取保水养护措施，以防止楼板发生干缩裂缝。

2）混凝土浇筑完毕待终凝完成后，应要求施工单位及时进行浇水养护，使混凝土保持湿润持续7d以上（图6-67）。

图6-67　后浇混凝土养护

6.13 预制构件接缝处理监理

6.13.1 预制外挂墙板接缝防水监理要点

预制外挂墙板的板缝，室内外是相通的，故对于板缝的保温、防水性能要求很高，在施工过程中应足够重视。同时外墙挂板之间禁止传力，所以板缝控制及密封胶的选择非常关键，具体要求如下：

（1）严格按照设计图要求，制定专项方案，报监理审批后再进行施工。

（2）预制外挂墙板接缝防水设防道数遵从设计要求，施工质量符合施工规范要求。

（3）操作人员应持证上岗，防水材料性能指标应经试验复试合格。

（4）外挂墙板接缝的气密条（止水胶条）应在安装前粘接到外挂墙板上，止水胶条应粘贴牢固。

（5）止水胶条须是空心的，除了密封性能和耐久性好外，还应当有较好的弹性，压缩率高。

（6）外挂墙板是自承重预制构件，不能通过板缝进行传力，在施工时应保证外挂墙板四周空腔内不得混入硬质杂物。

（7）打胶前应先修整接缝，清除垃圾和浮灰，打胶缝两侧须粘贴美纹纸，防止污染墙面。

（8）建筑防水密封胶应与混凝土有良好的黏性，还应具有耐候性和较好的弹性，压缩率要高，同时还应考虑密封胶的可涂装性和环保性。

（9）密封胶应填充饱满、平整、均匀、顺直、表面平滑，厚度符合设计要求，不得有裂缝现象，宜使用专用工具进行打胶，保证胶缝美观。

（10）打胶作业完成后，应将接缝周边、打胶用具及作业现场清理干净。

（11）接缝防水封堵作业完成后应在外墙外侧做淋水试验，并在外墙内侧观察有无渗漏。

6.13.2 预制构件接缝防火监理要点

有防火及保温要求的构造缝隙需要封堵防火及保温材料，应根据设计要求选择封堵材料，封堵须密实，保证保温效果，防止冷桥产生，同时达到防火要求，具体如下：

（1）构造缝隙防火处理必须严格按照设计要求保证接缝的宽度。

（2）构造缝隙封堵保温材料的边缘须使用 A 级防火保温材料，并按设计要求封堵密实。

（3）封堵材料在构造缝隙中的塞填深度应达到设计要求，并保证塞填的材料应饱满密实。

（4）构造缝隙边缘应用弹性嵌缝材料封堵，弹性嵌缝材料应符合设计要求。

第7章　装配式混凝土建筑工程验收

本章介绍装配式混凝土建筑的工程验收，包括：工程验收依据（7.1）、工程验收划分（7.2）、主控项目与一般项目（7.3）、结构实体检验（7.4）、分项工程质量检验（7.5）和工程验收资料与交付（7.6）。

7.1　工程验收依据

装配式混凝土建筑工程验收主要依据包括相关国家标准、行业标准以及项目所在地的地方标准等。详见第3.1节。

7.2　工程验收划分

国家标准《建筑工程施工质量验收统一标准》（GB 50300—2013）将建筑工程质量验收划分为单位工程、分部工程、分项工程和检验批，其中分部工程较大或较复杂时，可划分为若干子分部工程。

质量验收划分不同，验收抽样、要求、程序和组织都不同。例如，就验收组织而言，对于分项工程，由专业监理工程师组织施工单位项目专业技术负责人等进行验收；对于分部工程，则由总监理工程师组织施工单位负责人和项目技术负责人等进行验收。设计单位项目负责人和施工单位技术、质量部门负责人应参加主体结构、节能分部工程的验收。

现行国家标准《混凝土结构工程施工质量验收规范》GB 50204—2015将装配式建筑划为分项工程。因此，装配式结构应按分项工程进行验收。

装配式建筑中与预制构件有关的项目验收划分见表7-1。

表 7-1 装配式建筑中与预制构件有关的项目验收划分

序号	项目	分部工程	子分部工程	分项工程	备注
1	装配式结构	主体结构	混凝土结构	装配式结构	
2	预应力板			预应力工程	
3	预制构件螺栓		钢结构	紧固件连接	
4	预制外墙板		幕墙	预制幕墙	参照《点挂外墙板装饰工程技术规程》(JCJ 321—2014)
5	预制外墙板接缝密封胶				参照《建筑用轻质隔墙条板》(GB/T 23451—2009)
6	预制隔墙		轻质隔墙	板材隔墙	
7	预制一体化门窗	建筑装饰装修	门窗	金属门窗、塑料门窗	
8	预制构件石材反打		饰面板	石板安装	参照《金属与石材幕墙工程技术规范》(JCJ 133—2001)
9	预制构件饰面砖反打		饰面砖	外墙饰面砖粘贴	参照《外墙饰面砖工程施工及验收规程》(JCJ 126—2015)

（续）

序号	项目	分部工程	子分部工程	分项工程	备注
10	预制构件装饰安装预埋件	建筑装饰装修	细部	窗帘盒、橱柜、护栏等	参照《钢筋混凝土结构预埋件》（10ZG302）
11	保温一体化预制构件	建筑节能	围护系统节能	墙体节能、幕墙节能	参照《建筑节能工程施工质量验收规范》（GB 50411—2007）
12	预制构件电气管线	建筑电气	电气照明	导管敷设	参照《建筑电气工程施工质量验收规范》（GB 50303—2015）
13	预制构件电气槽盒			槽盒安装	
14	预制构件灯具安装预埋件			灯具安装	
15	预制构件设置的给水排水暖气管线	建筑给水排水及采暖	室内给水	管道及配件安装	参照《建筑给水排水及采暖工程施工质量验收规范》（GB 50242—2016）
16			室内排水	管道及配件安装	
17			室内热水	管道及配件安装	
18			室内采暖系统	管道、配件及散热器安装	

（续）

序号	项目	分部工程	子分部工程	分项工程	备注
19	预制构件整体浴室安装预埋件	建筑给水排水及采暖	卫生器具	卫生器具安装	参照《建筑给水排水及采暖工程施工质量验收规范》（GB 50242—2016）
20	预制构件卫生器具安装预埋件			卫生器具安装	
21	预制构件空调安装预埋件	通风与空调			参照《通风与空调工程施工质量验收规范》（GB 50243—2016）
22	预制构件中的避雷带及其连接	智能建筑	防雷与接地	接地线、接地装置	参照《智能建筑工程质量验收规范》（GB 50339—2013）
23	预制构件中的通信导管		综合布线系统		

7.3 主控项目与一般项目

工程检验项目分为主控项目和一般项目。

建筑工程中对安全、节能、环境保护和主要使用功能起决定性作用的检验项目为主控项目。除主控项目以外的检验项目为一般项目。主控项目和一般项目的划分应当符合各专业有关规范的规定。

7.3.1 装配式混凝土工程验收的主控项目

（1）后浇混凝土强度应符合设计要求。

检查数量：按批检验，检验批应符合《装配式混凝土结构技术规程》（JGJ 1—2014）第 12.3.7 条的有关要求。

检验方法：按现行国家标准《混凝土强度检验评定标准》GB/T 50107 的要求进行。

（2）钢筋套筒灌浆连接及浆锚搭接连接的灌浆应密实饱满，所有出浆口均应出浆。

检查数量：全数检查。

检验方法：检查灌浆施工质量检查记录。

（3）钢筋套筒灌浆连接及浆锚搭接连接用的灌浆料应满足设计要求。

检查数量：按批检验，以每层为一检验批；每工作班应制作一组，且每层不应少于 3 组 40mm×40mm×160mm 的长方体试件，标准养护28d后进行抗压强度试验。

检验方法：检查灌浆料强度试验报告及评定记录。

（4）剪力墙底部接缝座浆强度应满足设计要求。

检查数量：按批检验，以每层为一检验批；每工作班应制作一组且每层不应少于 3 组边长为 70.7mm 的立方体试件，标准养护 28d 后进行抗压强度试验。

检验方法：检查座浆材料强度试验报告及评定记录。

（5）钢筋采用焊接连接时，其焊接质量应符合现行行业标准《钢筋焊接及验收规程》JGJ 18 的有关规定。

检查数量：按现行行业标准《钢筋焊接及验收规程》JGJ 18 的规定确定。

检验方法：检查钢筋焊接施工记录及平行加工试件的强度试验报告。

（6）钢筋采用机械连接时，其接头质量应符合现行行业标准《钢筋机械连接技术规程》JGJ 107 的有关规定。

检查数量：按现行行业标准《钢筋机械连接技术规程》JGJ 107 的规定确定。

检验方法：检查钢筋机械连接施工记录及平行加工试件的强度试验报告。

（7）预制构件采用焊接连接时，钢材焊接的焊缝尺寸应满足设计要求，焊缝质量应符合现行国家标准《钢结构焊接规范》GB 50661 和《钢结构工程施工质量验收规范》GB 50205 的有关规定。

检查数量：全数检查。

检验方法：按现行国家标准《钢结构工程施工质量验收规范》GB 50205 的要求进行。

（8）预制构件采用螺栓连接时，螺栓的材质、规格、拧紧力矩应符合设计要求及现行国家标准《钢结构设计规范》GB 50017 和《钢结构工程施工质量验收规范》GB 50205 的有关规定。

检查数量：全数检查。

检验方法：按照现行国家标准《钢结构工程施工质量验

收规范》GB 50205 的要求进行。

7.3.2 装配式混凝土工程验收的一般项目

（1）装配式混凝土结构的尺寸允许偏差应符合设计要求，并应符合第 3 章相关规定。

检查数量：按楼层、结构缝或施工段划分检验批。在同一检验批内，对梁、柱，应抽查构件数量的 10%，且不少于 3 件；对墙和板，应按有代表性的自然间抽查 10%，且不少于 3 间。对于大空间结构，墙可按相邻轴线间高度 5m 左右划分检查面，板可按纵、横轴线划分检查面，抽查 10%，且均不少于 3 面。

（2）外墙板接缝的防水性能应符合设计要求。

检查数量：按批检验。每 1000m² 外墙面积应划分为一个检验批，不足 1000m² 时也应划分为一个检验批；每个检验批每 100m² 应至少抽查一处，每处不得少于 10m²。

检验方法：检查现场淋水试验报告。

（3）其他相关项目的验收。

1）预制构件上的门窗应满足《建筑装饰装修工程质量验收标准》（GB 50210—2018）中第 5 章的相关要求。

2）预制轻质隔墙应满足《建筑装饰装修工程施工质量验收标准》（GB 50210—2018）中第 7 章的相关要求。

3）设置在预制构件的避雷带应满足《建筑物防雷工程施工与质量验收规范》（GB 50601—2010）中的相关要求。

4）设置在预制构件的电器通信穿线导管应满足《建筑电气工程施工质量验收规范》（GB 50303—2015）中的相关要求。

5）预制装饰一体化的装饰装修应满足《建筑装饰装修

工程质量验收标准》（GB 50210—2018）及《建筑节能工程施工质量验收规范》（GB 50411—2007）中的相关要求。

6）预制构件接缝的密封胶防水工程应参照《点挂外墙板装饰工程技术规程》（JGJ 321—2014）中的相关要求。

7.4 结构实体检验

（1）装配式混凝土结构子分部工程分段验收前，应进行结构实体检验。结构实体检验应由监理单位组织施工单位实施，并见证实施过程。参照国家标准《混凝土结构工程施工质量验收规范》（GB 50204—2015）第8章现浇结构分项工程。

（2）结构实体检验应包括混凝土强度、钢筋保护层厚度、结构位置与尺寸偏差以及合同约定的项目，必要时可检验其他项目，除结构位置与尺寸偏差外的结构实体检验项目，应由具有相应资质的检测机构完成。预制构件实体性能检验报告应由构件生产单位提交施工总承包单位，并由专业监理工程师审查备案。

（3）钢筋保护层厚度、结构位置与尺寸偏差按照《混凝土结构工程施工质量验收规范》（GB 50204—2015）执行。

（4）预制构件现浇接合部位实体检验应进行以下项目检测：

1）接合部位的钢筋直径、间距和混凝土保护层厚度。

2）接合部位的后浇混凝土强度。

（5）对预制构件混凝土、叠合梁、叠合板后浇混凝土和灌浆体的强度检验，应以在浇筑地点制备并与结构实体同条件养护的试件强度为依据。混凝土强度检验用同条件养护试件的留置、养护和强度代表值应按《混凝土结构工程施工质量验收规范》（GB 50204—2015）附录 D 的规定进行，也可按国家现行标准规定采用非破损或局部破损的检测方法进行检测。

（6）当未能取得同条件养护试件强度或同条件养护试件强度被判为不合格，应委托具有相应资质等级的检测机构按国家有关标准的规定进行检测。

7.5 分项工程质量检验

（1）装配式混凝土结构分项工程施工质量验收合格，应符合下列规定：

1）所含分项工程验收质量应合格。

2）有完整的全过程质量控制资料。

3）结构观感质量验收应合格。

4）结构实体检验应符合第 7.4 节的要求。

（2）当装配式混凝土结构分项工程施工质量不符合要求时，应按下列要求进行处理：

1）经返工、返修或更换构件、部件的检验批，应重新进行检验。

2）经有资质的检测单位检测鉴定达到设计要求的检验批，应予以验收。

3）经有资质的检测单位检测鉴定达不到设计要求，但经原设计单位核算并确认仍可满足结构安全和使用功能的检验批，可予以验收。

4）经返修或加固处理能够满足结构安全使用要求的分项工程，可根据技术处理方案和协商文件进行验收。

（3）装配式建筑的饰面质量主要是指饰面与混凝土基层的连接质量，对面砖主要检测其拉拔强度，对石材主要检测其连接件受拉和受剪承载力。其他方面涉及外观和尺寸偏差等应按照现行国家标准《建筑装饰装修工程质量验收标准》GB 50210 的有关规定验收。

7.6　工程验收资料与交付

工程验收需要提供文件与记录，以保证工程质量实现可追溯性的基本要求。行业标准《装配式混凝土结构技术规程》（JGJ 1—2014）中关于装配式混凝土结构工程验收需要提供的文件与记录规定：要按照国家标准《混凝土结构工程施工质量验收规范》（GB 50204—2015）的规定提供文件与记录，并列出了 10 项文件与记录。

7.6.1　《混凝土结构工程施工质量验收规范》（GB 50204—2015）规定的文件与记录

国家标准《混凝土结构工程施工质量验收规范》（GB 50204—2015）规定验收需要提供的文件与记录：

（1）设计变更文件。

（2）原材料质量证明文件和抽样复检报告。

（3）预拌混凝土的质量证明文件和抽样复检报告。

（4）钢筋接头的试验报告。

（5）混凝土工程施工记录。

（6）混凝土试件的试验报告。

（7）预制构件的质量证明文件和安装验收记录。

（8）预应力筋用锚具、连接器的质量证明文件和抽样复检报告。

（9）预应力筋安装、张拉及灌浆记录。

（10）隐蔽工程验收记录。

（11）分项工程验收记录。

（12）结构实体检验记录。

（13）工程重大质量问题的处理方案和验收记录。

（14）其他必要的文件和记录。

7.6.2 《装配式混凝土结构技术规程》（JGJ 1—2014）列出的文件与记录

（1）工程设计文件、预制构件制作和安装的深化设计图。

（2）预制构件、主要材料及配件的质量证明文件、现场验收记录、抽样复检报告。

（3）预制构件安装施工记录。

（4）钢筋套筒灌浆、浆锚搭接连接的施工检验记录。

（5）后浇混凝土部位的隐蔽工程检查验收文件。

（6）后浇混凝土、灌浆料、座浆料强度检测报告。

（7）外墙防水施工质量检验记录。

（8）装配式结构分项工程质量验收文件。

（9）装配式工程的重大质量问题的处理方案和验收记录。

（10）装配式工程的其他文件和记录。

7.6.3 其他工程验收文件与记录

在装配式混凝土结构工程中，灌浆最为重要，辽宁省地方标准《装配式混凝土结构构件制作、施工与验收规程》（DB21/T 2568—2016）特别规定：钢筋连接套筒、水平拼缝部位灌浆施工全过程记录文件（含影像资料）。

7.6.4 预制构件制作企业需提供的文件与记录

预制构件制作环节的文件与记录是工程验收文件与记录的一部分，辽宁省地方标准《装配式混凝土结构构件制作、施工与验收规程》（DB21/T 2568—2016）列出了以下 10 项文件与记录，可供参考：

（1）经原设计单位确认的预制构件深化设计图、变更记录。

（2）钢筋套筒灌浆连接、浆锚搭接连接的型式检验合格报告。

（3）预制构件混凝土用原材料、钢筋、灌浆套筒、连接件、吊装件、预埋件、保温板等产品合格证和复检试验报告。

（4）灌浆套筒连接接头抗拉强度检验报告。

（5）混凝土强度检验报告。

（6）预制构件出厂检验表。

（7）预制构件修补记录和重新检验记录。

（8）预制构件出厂质量证明文件。

（9）预制构件运输、存放、吊装全过程技术要求。

（10）预制构件生产过程台账文件。

7.6.5 全过程监理档案

装配式建筑全过程监理文件除应包含传统监理全过程档案文件外，还应包含以下主要内容：

（1）装配式监理规划、装配式监理细则、装配式旁站监理细则、装配式旁站安全监理细则。

（2）预制构件工厂驻厂监理人员组织架构及人员名单、相关证件等。

（3）预制构件制作及安装过程中监理检查下发的监理通知单及回复。

（4）针对预制构件制作及安装过程中应召开的相关专题会议纪要。

（5）预制构件制作及安装过程中的旁站记录（混凝土浇筑、灌浆作业等）。

（6）预制构件进场材料报审及工程报审资料。

（7）预制构件浇筑前进行检查，钢筋、套筒、预埋件等入模隐蔽工程检查及各角度照片等影像资料。

（8）施工现场现浇部位伸出钢筋定位检查及各角度照片等影像资料。

（9）监理日记。

第8章 常见质量问题及解决措施

本章介绍装配式建筑常见质量问题及其预防，包括预制构件常见质量问题及其解决措施（8.1）和预制构件安装工程常见质量问题及其解决措施（8.2）。

8.1 预制构件常见质量问题及其解决措施

8.1.1 设计方面

1. 设计方面常见的问题

（1）套筒保护层厚度不够。

（2）各专业预埋件、预埋物等没有设计到预制构件制作图中。

（3）制作、吊运、施工环节需要的预埋件或孔洞在预制构件设计中没有考虑。

（4）预制构件局部地方钢筋、预埋件、预埋物太密，导致混凝土无法浇筑或浇筑后无法振捣。

（5）拆分不合理。

（6）没有给出预制构件存放要求。

（7）没有给出安装后支撑的要求。

（8）外挂墙板没有设计活动节点。

2. 解决措施

（1）协助建设单位对设计单位的设计能力进行考察，设计单位对装配式结构建筑的设计负全责，不能交由拆分设计单位或构件厂承担设计责任。

（2）协助建设单位组织各参建单位进行图样会审，并提出施工图与预制构件制作图不一致、需要设计单位给出的要求、数据不明确、特殊需深化的结点未深化等问题，让设计单位进行深化设计。

（3）对已深化设计的图样，协助建设单位组织各参建单位进行图样交底，明确设计结点，保证各参建单位知晓设计的相关内容。

（4）协调设计单位解决预制构件制作及施工过程中的难点问题。

8.1.2 材料与部件采购方面

1. 材料与部件采购方面问题

（1）套筒、灌浆料选用了不可靠的产品。

（2）夹芯保温板拉结件选用了不可靠的产品。

（3）预埋螺母、螺栓选用了不可靠的产品。

（4）接缝橡胶条弹性不好，压缩率不满足要求。

（5）接缝用的建筑密封胶不适用于预制构件接缝。

（6）防雷引下线选用了防锈蚀没有保障的材料。

2. 解决措施

材料进场后，驻场监理工程师应检查工厂采购或甲供的材料，具体如下：

（1）出厂的检验报告、试验报告、合格证等资料是否齐全。

（2）检查材料外观是否符合设计要求。

（3）相关联的材料是否为同一厂家的配套产品，例如：套筒与灌浆料、螺母与螺栓等。

（4）涉及结构安全、试验的材料应进行见证取样，并经过试验验证方可投入使用。

8.1.3　预制构件制作方面

1. 混凝土强度不足

解决措施：驻厂监理工程师应不定期抽查混凝土配合比及养护情况。

2. 混凝土表面蜂窝、孔洞、夹渣

解决措施：混凝土浇筑前，驻厂监理工程师应检查模具清理是否干净，模具组装是否牢固，混凝土振捣是否符合要求，应分层振捣，振捣时间应充足。

3. 混凝土表面疏松

解决措施：混凝土浇筑时，驻厂监理工程师应进行旁站监理，以保证振捣时间充足。

4. 混凝土表面龟裂

解决措施：驻厂监理工程师应严格控制混凝土的水灰比。

5. 混凝土表面裂缝

解决措施：驻厂监理工程师应控制预制构件养护的及时性及养护方法：预制构件应静养 2h 后开始蒸汽养护，脱模后应暂放在厂房内，避免温差过大。

6. 混凝土预埋件附近裂缝

解决措施：驻厂监理工程师应严格控制固定预埋件螺钉的拆卸时间，应在养护结束后拆卸。

7. 混凝土表面起灰

解决措施：驻厂监理工程师应严格控制混凝土的水灰比。

8. 露筋

解决措施：驻厂监理工程师应严格控制混凝土振捣作业，振捣不能形成漏振，振捣时间应充足，检查保护层垫块间距是否符合设计要求，保护层垫块放置是否正确，保证保护层

厚度。

9. 钢筋保护层厚度不足

解决措施：驻厂监理工程师在混凝土浇筑前应检查保护层垫块间距是否符合设计要求（建议设计给出明确数据），保护层垫块放置是否正确，保证保护层厚度。

10. 外伸钢筋数量或直径不对、外伸钢筋位置误差过大、外伸钢筋伸出长度不足

解决措施：混凝土浇筑前，驻厂监理工程师在隐蔽验收阶段，应严格检查隐蔽钢筋的规格、数量、位置及外伸长度是否符合设计要求。

11. 套筒、浆锚孔、钢筋预留孔、预埋件位置误差，不垂直

解决措施：混凝土浇筑前，驻厂监理工程师在隐蔽验收阶段，应严格检查套筒、浆锚孔、钢筋预留孔、预埋件位置是否符合设计要求，是否方正及固定是否牢固。

12. 缺棱掉角、破损

解决措施：驻厂监理工程师应严格控制脱模程序，预制构件在脱模前应有试验室给出的强度报告，达到脱模强度后方可脱模。

13. 尺寸误差超过容许误差

解决措施：组装模具完成后，驻厂监理工程师应严格检查模具尺寸是否符合设计要求。

14. 夹芯保温板拉结件处空隙太大、拉结件锚固不牢

解决措施：夹芯保温板施工过程中，驻厂监理工程师应进行旁站监理，重点检查拉结件的数量、固定方式、预埋方式、牢固性或插入方式、插入时间等；保温板铺设后应重点检查拉结件处缝隙，并用保温材料对缝隙进行填塞封堵。

8.1.4 存放和运输方面

1. 支撑点位置不对

解决措施：监理工程师审核预制构件存放方案是否符合设计及规范要求，在存放前检查支撑点设置位置的合理性。

2. 预制构件磕碰损坏

解决措施：监理工程师检查吊点设计是否合理，考虑重心平衡，吊运过程中应对预制构件边角进行成品保护，落吊时吊钩速度应缓慢。

3. 预制构件被污染

解决措施：监理工程师应检查预制构件苫盖的及时性，严禁工人戴油手套去摸预制构件。

8.2 预制构件安装工程常见质量问题及其解决措施

1. 与预制构件连接的钢筋误差过大

解决措施：现浇混凝土时应用专用定位钢板对伸出钢筋进行定位。浇筑混凝土前，监理工程师应严格检查钢筋的规格、位置、伸出长度是否符合设计要求，定位钢板是否安装牢固。

2. 套筒或浆锚预留孔堵塞

解决措施：预制构件加工阶段隐蔽验收时，以及脱模后出厂前都应对套筒和浆锚孔的畅通情况进行严格检查。

3. 灌浆不饱满

解决措施：应配有备用灌浆设备，灌浆时监理工程师须全程旁站监督，灌浆时应保证每个孔的灌浆料拌合物都按规定要求流出。

4. 后浇筑混凝土钢筋连接不符合要求

解决措施：在设计阶段，对后浇区设计要考虑作业空间，监理工程师查看图样时，重点查看是否留有足够的作业面，并做好隐蔽工程验收。

5. 后浇混凝土蜂窝、麻面、胀模

解决措施：监理工程师应严格检查混凝土浇筑质量，检查后浇混凝土模板牢固和密闭情况，检查振捣的及时性和振捣方法。

6. 防雷引下线的连接不好或者连接处防锈蚀处理不好

解决措施：按设计要求采购防雷引下线，隐蔽前监理工程师应对防雷引下线进行全数检查，发现问题及时处理。

7. 预制构件破损严重

解决措施：监理工程师应严格检查吊装、运输过程中成品保护的落实情况，严格控制预制构件出厂及进场的外观质量。

8. 防水密封胶施工质量差

解决措施：监理工程师应严格检查密封胶原材料的质量，要求施工单位对打胶人员进行培训，选择通过培训的专业技术人员进行施工。

9. 个别木工加固后墙板移位

解决措施：在木工对后浇混凝土模板加固后，后浇混凝土浇筑前，监理工程师应对预制构件位置及垂直度等进行二次检查。

第9章 常见安全问题及其预防

装配式建筑除现浇结构需注意的安全问题外，还有一些需要注意的特有的安全问题，如预制构件制作、运输、存放、吊装、支撑体系、安全防护、垂直运输设备及围护结构的附着、技术工人安全培训等，安全管理贯穿从制作至施工全过程。本章讲述装配式建筑常见安全问题及其预防，包括预制构件制作、运输、存放常见安全问题及其预防（9.1）和预制构件安装工程常见安全问题及其预防（9.2）两方面内容。

9.1 预制构件制作、运输、存放常见安全问题及其预防

9.1.1 预制构件制作常见安全问题及其预防

1. 预制构件厂安全生产管理基本要求

（1）认真贯彻"安全为了生产，生产必须安全""安全第一，预防为主"的方针，建立三级安全管理网，设立专职安全员。

（2）加强安全思想和安全技术教育，提高自我保护意识和能力。

（3）制定安全管理制度，定期进行安全检查及时整改隐患。制定主要分项工程工序的安全操作规程，认真进行安全技术交底，杜绝违章作业。

（4）贯彻安全工作"三同时"和"四不放过"的原则，严格安全岗位责任制，奖罚严明。规定持证上岗的工种，必须持证上岗。坚决执行进入现场必须戴安全帽，配齐必要的

安全和消防设备，设置安全警告标志。

2. 作业人员

（1）按照要求穿戴安全防护用具。

（2）正确使用防护装置和防护设施，对各种防护装置、防护设施和警告、安全标志等不得任意拆除或随意挪动。

3. 装载机

（1）起步前，应将铲斗提升到至距地面0.5m左右，作业时应使用低速档。用高速档行驶时，不得进行升降和翻转铲斗，严禁铲斗载人。

（2）行驶道路应平坦，不得在倾斜度超过规定的场地上作业，运送距离不宜过大。铲斗满载运送时，应保持低位。

（3）应经常注意机件运转声响，发现异常应立即停车排除故障。

4. 混凝土搅拌

（1）堆放水泥不应堆叠过高，如堆放在平台上不应超过平台的承载能力，叠垛应整齐平稳。取用水泥时必须遵守先进先出的原则，逐层搬取。

（2）运输通道应平整，铺板应钉牢，保持通道清洁，及时清理落地料和杂物。

（3）用机械装砂、石料时，装料机前不得站人，装料机应凭动力推进，严禁用脚拨料进装料机口。

（4）搅拌机运转中，严禁用工具伸入料仓内拨弄，需要在料仓内检修时，应停机检修。修理或进入料仓清理叶片时，必须切断电源，电源边设专人看护或开关箱上锁，并挂牌注明"仓内有人操作，禁止合闸"。

（5）严防将大块石料或其他异物装入集料仓。

5. 钢筋制作

（1）钢筋切断机在运转中，严禁用手直接清除切刀附近的断头。

（2）钢筋弯曲机作业中，严禁进行更换芯轴、销子和变换角度以及调速等作业，也不得加油或清扫。

（3）严禁在弯曲钢筋的作业半径内和机身不设固定销的一侧站人。转盘换向时，必须在停稳后进行。

（4）钢筋调直及冷拉场地应设置防护挡板，作业时非作业人员不得进入现场。

（5）采用人工锤击切断钢筋时，用锤人员和把扶钢筋、剪切工具人员身位应错开，并应防止断下的短头钢筋弹出伤人。

6. 制品存放及运输

（1）成品应存放在坚实平整的地面上，叠放不宜过高（图9-1），如存放在平台上不应超过平台的承载能力，叠垛应整齐平稳，取用时必须逐层搬取。

图9-1　预制构件成品堆放

（2）用手推车运输湿制品、成品等不应超载，行走时不应抢道乱走。运输通道应平整，铺板应钉牢，保持通道清洁，及时清理落地料和杂物。

7. 机械设备安全防护

（1）各种机械设备的操作人员必须经过相应部门组织的安全技术操作规程培训，考试合格后，持有效证件上岗。

（2）机械设备操作人员上岗前，应进行身体健康状况检查，有禁忌病症的人员，不得从事机械操作工作。

（3）机械设备操作人员工作前，应对所使用的机械设备进行安全检查，严禁带病使用。机械设备操作人员只要离开机械设备，必须按规定将机械设备平稳停放于安全位置，并将驾驶

图 9-2　预制构件机械起吊

室锁好，或将电气设备的配电箱拉闸上锁。严禁在行走机械设备的前后方休息，包括乘凉、午睡，行走前应检查周围情况，确认无障碍时鸣笛操作（图 9-2）。

9.1.2　预制构件运输常见安全问题及其预防

（1）预制构件运输前，应确认装车预制构件重量以及预制构件在车辆中的摆放方案。根据预制构件规格、重量选用运输车辆，大型货运汽车载物高度不准超高，宽度不得超出车厢，长度不准超出车身 2m。

（2）预制构件运输前，应根据运输需要选定合适、平整的坚实路线。

（3）运输车辆根据预制构件类型设专用运输架或合理设

置支撑点，且需有可靠的稳定预制构件措施，用钢丝带加紧固器绑牢，以防预制构件在运输时受损。

（4）为确保行车安全，应进行运输前的安全技术交底。车辆启动应慢速，车速行驶均匀，严禁超速、猛拐和急刹车。在运输中，每行驶一段路程应停车检查预制构件的稳定和紧固情况，如发现移位、捆绑和防滑垫块松动时，应及时处理。

（5）封车加固的钢丝，钢丝绳必须保证完好，严禁用已损坏的钢丝、钢丝绳进行捆绑。预制构件装车加固时，用钢丝或钢丝绳拉牢固定，形式应为八字形或倒八字形，交叉捆绑或下压式捆绑。

（6）在运输过程中应对预制构件进行保护，最大限度地消除和避免预制构件在运输过程中的污染和损坏（图9-3）。

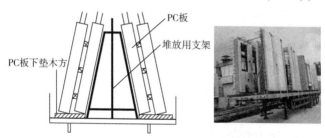

图9-3　预制构件运输堆放架及捆扎

9.1.3　预制构件存放常见安全问题及其预防

（1）应核查进场的预制构件的完整出厂质量证明文件和标识情况，其中应明确标识吊点数量及位置、临时支撑系统预埋件数量及位置、混凝土强度及吊点连接件材质、吊点隐蔽记录情况。对标识不清、质量证明文件不完整的构件，特别是存在影响吊装安全的质量问题，不得进场使用。

（2）预制构件应设置专用存放场地，并满足总平面布置要求。预制构件存放场地的选址应综合考虑垂直运输设备起吊半径、施工便道布置及卸货车辆停靠位置等因素，便于运输和吊装，避免交叉作业。采用地下室顶板作为存放区域时需要经设计单位验算，并采用确保安全的措施（图9-4）。

（3）存放场地应硬化平整，承载能力满足预制构件存放及运输要求，场地整洁无污染且排水良好。预制构件存放区应设置隔离围栏，按品种、规格、吊装顺序分别设置存放区域，其他

图9-4 预制构件堆场顶板下支撑加固

结构材料、设备不得混合存放，防止搬运时相互影响造成伤害。

（4）应根据预制构件的类型选择合适的存放方式及规定存放层数，同时预制构件之间应设置可靠的垫块；若使用货架存放，货架应进行力学计算以满足承载力要求（图9-5和图9-6）。

图9-5 预制构件水平叠放

图9-6 预制构件侧向竖直放置

（5）核查预制构件进场施工单位自检情况。

（6）存放现场应实施验收挂牌制度。

9.2 预制构件安装工程常见安全问题及其预防

9.2.1 专项施工方案审核

监理人员除审查一般施工专项方案外，对于装配式建筑的安装，应重点审查下列施工方案中的安全措施，并要求提供计算书及设计确认。

（1）存放场地加固方案（要求设计确认）。

（2）预制构件存放与运输方案（要求提供计算书）。

（3）预制构件吊装方案（要求提供计算书）。

（4）塔式起重机非标附墙方案（要求提供计算书及设计确认）。

（5）外围护架方案（要求提供计算书）。

（6）专用操作平台方案（要求提供计算书）。

（7）构件安装的临时支撑体系方案（要求提供计算书）。

9.2.2 现场吊装起重机械设备安装及附着

塔式起重机的使用应符合现行国家、行业标准《塔式起重机安全规程》GB 5144、《建筑施工塔式起重机安装、使用、拆卸安全技术规程》JGJ 196 及《建筑机械使用安全技术规程》JGJ 33 中的相关规定。汽车式起重机应符合现行行业标准《建筑施工起重吊装工程安全技术规范》JGJ 276 中的相关规定。施工升降机的使用应符合现行国家、行业标准《施工升降机安全规程》GB 10055、《建筑施工升降机安装、使用、拆卸安全技术规程》JGJ 215。物料提升机的使用应符

合现行行业标准《龙门架及井架物料提升机安全技术规范》
JGJ 88（图9-7）。

图9-7　吊装起重机械

（1）核查起重机械设备租赁、安装单位资质、设备进场
验收、维修保养情况。

（2）核查特种作业人员（包括塔式起重机司机、安装
工、信号工等）教育培训、资格证件及安全技术交底情况。

1）安装作业人员须是经过培训的专业工人，应持有效
证件上岗。

2）施工单位项目技术负责人应当组织相关专业作业人
员进行安全技术交底，并履行相关签字手续。预制构件生产
单位、设计单位和监理单位应当参加，监督交底过程，解答
疑难问题，给予技术支持。

3）安装拆卸方案中，必须明确起重设备的附着方式安
全可靠（图9-8）。

4）起重设备与构件的重量应匹配，以满足安全使用
要求。

图 9-8 塔式起重机与主体结构连接（现浇剪力墙）

9.2.3 临边及高处作业防护

（1）采用扣件式钢管脚手架、门式脚手架、附着式升降脚手架等有标准规范的脚手架应符合现行规范标准（图 9-9）。

图 9-9 悬挑脚手架围挡（型钢通过螺栓与梁连接）

（2）采用新材料、新设备、新工艺、新技术的装配式结构，专用的施工操作平台应符合方案要求（必要时施工方案需经专家论证），并经施工、监理单位联合验收通过并挂牌方可投入使用（图 9-10）。

（3）对于装配式结构施工而言，往往为了突显装配式建筑的特点而不搭设外架，于是高处作业及临边作业的安全隐患变得尤为突出，为了防止登高作业事故和临边作业事故的发生，可在临边搭设定型化工具式防护栏杆，搭设过程中应当严格按照规范的规定要求，攀登作业所使用的设施和用具结构构造应牢固可靠。使用梯子时必须注意，单梯不得垫高使用，不得多人在梯子上作业，在通道处使用梯子应安排专人监控，安装外墙板使用梯子时，必须系好安全带，正确使用防坠器（图9-11和图9-12）。

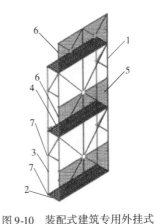

图9-10　装配式建筑专用外挂式作业平台结构示意

1—外侧框架　2—底部框架
3—内侧框架　4—内侧框架横向型材
5—钢丝防护网　6—搭接栏杆挂钩
7—支撑柱

图9-11　外防护架和外防护架三角撑

图 9-12　工作面安装安全防护

9.2.4　吊装前安全检查应注意的问题

1. 作业人员持证上岗和佩戴安全防护用品

（1）施工单位管理人员应在吊装前自检管理人员到岗情况，作业人员持证上岗情况，现场作业人员应按规定持相应的特殊工种证书，对涉及高处作业的人员必须持有高处作业特殊工种证书。

（2）现场监理旁站应重点检查施工单位吊装前的准备工作、吊装过程中的管理人员到岗情况、作业人员的持证上岗情况、吊装监管人员到岗履职情况、临边作业的防护措施及相关辅助设施方案的实施情况等。

（3）作业人员在现场高处作业时必须佩戴安全帽，系好安全带。

2. 物体坠落半径隔离防护

施工单位和现场监理应核查吊装前预制构件的临时支撑能保证所安装预制构件处于安全状态，连接接头达到设计强度，并确认结构形成稳定结构体系前，预制构件坠落半径内地面安全隔离防护情况。在吊装作业时，严禁吊装区域下方交叉作业，非吊装作业人员应撤离吊装区域。

3. 预制构件吊装手续报批情况

吊装前，应实施吊装令制度，施工单位应向监理单位上报吊装申请手续，监理单位核查具备吊装安全生产条件后，方可同意吊装，总监理工程师签发吊装令。

4. 预制构件吊装、吊具、吊点数量、完整性及强度情况

（1）吊装作业必须符合《建筑施工起重吊装工程安全技术规范》（JGJ 276—2012）的要求。吊装前必须再次核查构件吊点和吊装吊具的安全情况（图 9-13 和图 9-14）。

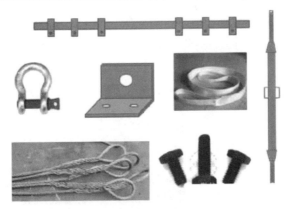

图 9-13　吊装器具

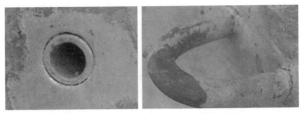

图 9-14　预埋吊环和内置式连接钢套筒

（2）起吊大型预制构件或薄壁预制构件前，应按规范或设计要求采取避免预制构件变形或损伤的临时加固措施。

（3）起吊的方式应符合方案要求。

（4）吊索、吊具和牵引绳应有明确的可使用标识。

（5）每班开始作业时，应先试吊，确认吊装起重机械设备、吊点和吊具可靠后，方可进行吊装作业。

9.2.5 吊装作业注意问题

（1）吊装区域内严禁站人，吊钩脱落、吊点损坏都极易引起安全事故的发生。

（2）起重作业时必须明确指挥人员，指挥人员应佩戴明显的标识（图9-15）。

（3）起重指挥人员必须按规定的指挥信号进行指挥，其他作业人员应清楚吊装安全操作规程和指挥信号。

（4）起重指挥人员应严格执行吊装安全操作规程。

图9-15 指挥人员指挥吊装

（5）正式起吊前应进行试吊，试吊中检查全部机具受力情况，发现问题应先将构件放回地面，故障排除后重新试吊，确认一切正常后方可正式吊装。

（6）吊装过程中，出现故障，应立即向指挥人员报告，没有指令任何人不得擅自离开岗位。

（7）起吊重物就位前，不许解开吊装索具；任何人不准随同吊装设备或吊装机具升降（图9-16）。

图9-16 构件下挂牵引绳及预制墙板安装就位

（8）严禁在风速5级以上时进行吊装作业。

（9）不得在雨、雾天吊装；在吊装过程中，如因故中断，必须采取安全措施，不得使设备或构件悬空过夜。

（10）起吊构件落下的位置，必须用方木或其他材料进行支垫，确保构件落下后顺利抽取钢丝绳（图9-17）。

图9-17 起吊重物就位

9.2.6 临时支撑体系常见安全问题及预防

（1）预制构件安装就位后应及时校准，校准后须及时安装临时支撑连接件，防止变形和位移。临时支撑、连接件进场，施工和监理单位应履行进场验收手续，临时支撑连接件应符合设计及施工方案要求。

（2）预制剪力墙、柱在吊装就位、吊钩脱钩前，需设置工具式钢管斜撑等形式的临时支撑以维持构件自身稳定，斜撑与地面的夹角宜呈 45°～60°，上支撑点宜设置在不低于预制构件高度的 2/3 位置处；为避免高大剪力墙等预制构件底部发生面外滑动，应在预制构件下部再增设一道短斜撑（图 9-18 和图 9-19）。

图 9-18　预制墙板临时支撑　　　图 9-19　预制柱临时支撑

（3）预制梁、楼板在吊装就位、吊钩脱钩前，根据后期受力状态与临时架设稳定性考虑，可设置工具式钢管立柱、盘扣式支撑架等形式的临时支撑，如图 9-20 和图 9-21 所示。

图 9-20　预制梁支撑　　　　　图 9-21　预制板支撑

（4）临时支撑体系的拆除应严格依照安全专项施工方案实施。对于预制剪力墙、柱的斜撑，在同层结构施工完毕、后浇混凝土及灌浆料强度达到规定要求后方可拆除；对于预制梁、楼板的临时支撑体系，应根据同层及上层结构施工过程中的受力要求确定拆除时间，在相应结构层施工完毕、现浇段混凝土强度达到规定要求后方可拆除（图 9-22 ~ 图 9-24）。

图 9-22　卸除吊钩

图 9-23　构件校正

图 9-24　斜撑与预埋拉环节点连接

9.2.7　各阶段各部位安全验收情况（包括首段、首吊、首层、随机抽查）

首段吊装前，施工单位应办理和通过开工安全生产条件审查，超过一定规模的危险性较大的分部（分项）工程应通过专家论证；吊装临时就位完毕，临时支撑搭设完毕，浇筑混凝土前，经施工单位自检和监理单位验收后，重要部位应通知安全监督机构。监理人员应对照安全检查表进行安全验收（图 9-25）。

装配整体式混凝土结构工程施工安全检查表（管理）

检查项目		检查内容	评价		备注
			符合	不符合（简述）	
（一）安全体系	1 安全生产责任	建设	1.依据施工工业化设计程度、统一协调施工、设计、构件生产等单位，明确深化施工设计责任 2.依据装配配套施工构件要求、堆场等特点，合理确定安全生产交底明确工槽施费用 3.协调承制控制生产进度及施工现场施工期进度，协调包承包和各专业分包的施工进度及配合			
		设计	1.设计文件中应考虑构件吊点、施工设施、设备附着设施点、拉结点等因素 2.依据施工工业化设计制度，核定涉及安全的各设施的施工方案 3.依据设计文件和现场实际情况，编制施工现场指导，明确施工方案和要求			
		监理	1.针对装配施工工序特点、编制监理实施细则、完善全面监控 2.加强对装配混凝土工程重点进行监理审核			
		施工	1.严格落实建筑施工安全生产标准制度，依据《现场施工安全生产管理规范》《DGJ 08-903-2010》签实安全网岗位的安全取措 2.根据施工进度、预制构件吊点，结合深化设计、编制专项施工方案、协调管理各等等安全职责、协调管理管理等等管理环节的责任界限 3.总分包合同中明确制构件运输、机械设备等等安全及吊、机械设备管理环节的责任界限			
	2 总分包安全生产协议、明确吊运吊装设置					
	3 危险作业管理制度、吊装安全、其他					

装配整体式混凝土结构工程施工安全检查表（现场实体）

检查项目		检查内容	评价		备注
			符合	不符合（简述）	
（一）吊装作业	1 构件		1.构件标识（吊点、附着点、拉结点） 2.有专用堆场，选址合理 3.不与其他材料设备混放 4.按规定堆放不超顶（板类堆放不大于6层，柱、梁叠放不大于2层） 5.堆放防倾覆或悬挂牌有明显标识			
	2 吊索具和索引绳		有防护措施设置醒目标志			
	3 吊装警采		作业时封闭设置，安全出岗护			
	4 临时固定措施		按施工方案设置，安全可靠			
	5 吊装操作及其他作业人员的配备及持证		1.吊装操作作业面临时下操作 2.持特工种和规定持证上岗			

图9-25 安全检查

（1）预制构件起吊时的吊点合力宜与构件重心重合，可采用可调式横吊梁均衡起吊就位；吊装设备应在安全操作状态下进行吊装。

（2）预制构件应按施工方案的要求吊装，起吊时绳索与构件水平面的夹角不宜小于60°，且不应小于45°。

（3）预制构件吊装应采用慢起、快升、缓放的操作方式。预制构件吊装过程不宜偏斜和摇摆，严禁吊装构件长时间悬挂在空中；预制构件吊装时，构件上应设置缆风绳控制构件转动，以保证构件就位平稳。

（4）预制构件吊装应及时设置临时固定措施，临时固定措施应按施工方案设置，并在安放固定后松开吊具。

9.2.8　临时用电安全管理

在装配式建筑施工中，触电是很容易被忽视却又常常会发生的一类事故，预制构件在完成拼装后，需要对外挂板的拼缝进行防水条焊接，外挂板的固定需要加设斜支撑，这些操作都需要用电，为便于施工，施工楼层每层必须设置配电箱以方便用电，现场临时用电按照规范要求，现场实行操作一机一箱一闸一漏制度，严格执行三级配电二级保护用电原则，楼梯通道等照明灯具距地面高度低于2.5m部位，须使用36V安全电压。

9.2.9　安全教育

传统的整体现浇建筑施工中的工人，显然已难以适应装配式建筑施工的要求，因此对工人开展相关的技术技能、安全培训教育是十分必要的（图9-26）。根据国内开展装配式建筑施工城市的实践来看，工人培训工作主要还是由施工企业自身组织进行的。各地建设行政主管部门是否应将装配式建筑施工涉及的新型技术工人纳入特种工种行列，如何对其进行培训、考核和管理是亟待考虑和解决的问题。

图 9-26　安全教育培训